Müller-Bohn

Betriebswirtschaft für die Apotheke

Reihe **PTA*heute* Buch**

Müller-Bohn – **Betriebswirtschaft für die Apotheke**, 2009

Weber – **Beratung auf Rezept**, 2009

Betriebswirtschaft für die Apotheke

Thomas Müller-Bohn, Süsel

Mit einem Geleitwort von Reinhild Berger

16 Abbildungen und 10 Tabellen

Deutscher Apotheker Verlag

Anschrift des Verfassers
Apotheker und Dipl.-Kaufmann
Dr. Thomas Müller-Bohn
Seeweg 5A
23701 Süsel

Bibliografische Information der Deutschen Nationalbibliothek: Die Deutsche Nationalbibliothek verzeichnet diese Publikation in der Deutschen Nationalbibliografie; detaillierte bibliografische Daten sind im Internet unter http://dnb.d-nb.de abrufbar.

1. Auflage 2009
ISBN: 978-3-7692-4871-5

Birkenwaldstr. 44, 70191 Stuttgart
www.deutscher-apotheker-verlag.de
Printed in Germany
Satz: Gebr. Knöller GmbH & Co KG, Stuttgart
Druck: Gebr. Knöller GmbH & Co KG, Stuttgart
Umschlaggestaltung: deblik, Berlin

Geleitwort

PTA*heute* – mehr als eine Zeitschrift
Seit mehr als zwei Jahrzehnten ist PTA*heute* die meist gelesene Fachzeitschrift für Pharmazeutisch-technische Assistentinnen. Und jeder weiß, dass auch alle anderen Berufsgruppen in der Apotheke gerne zur PTA*heute* greifen. Denn PTA*heute* – das belegen alle Umfragen – steht für praxisbezogene Fortbildung, für verständlich aufbereitetes und anschaulich bebildertes Hintergrundwissen, für berufliche Weiterentwicklung.
Im engen Kontakt mit Lesern und Fachautoren erarbeitet die PTA*heute*-Redaktion Jahr für Jahr neue Rubriken und Serien, werden bewährte Inhalte aktualisiert und fortgeschrieben.
Untrennbar mit der Zeitschrift verbunden ist auch der jährlich im Rahmen der Interpharm angebotene PTA*heute*-Kongress.
Seit Anfang 2007 gibt es die PTA*heute*-Jahreszertifikatskurse, die von den Leserinnen und Lesern begeistert angenommen wurden. Über www.ptaheute.de kann das neu erworbene Wissen vierteljährlich überprüft werden. Am Jahresende wird ein Abschlusszertifikat erteilt.
Aufgrund des großen Zuspruchs entstand die Idee, die Inhalte unseres ersten Jahreszertifikatskurses „Betriebswirtschaftslehre für die Apotheke" noch zu erweitern und als Buch anzubieten. Damit startet PTA*heute* nun auch eine Buchreihe, die mit in der Zeitschrift bewährten Themen ihre Fortsetzung finden wird.
Wunsch und Ziel ist es, allen in der öffentlichen Apotheke tätigen PTA und anderen Apothekenmitarbeitern über die aktuelle Zeitschrift hinaus auch praxisnahe, gut verständliche Bücher und Nachschlagewerke für das erfolgreiche Selbststudium anzubieten.
Sie als Leserin und Leser dürfen erwarten, dass die Autoren dieser Buchreihe dem PTA*heute*-Konzept treu bleiben und Ihnen Inhalte mit größtmöglichem Nutzen für den Apothekenalltag bieten.
Die PTA*heute*-Redaktion freut sich schon jetzt auf ein möglichst lebhaftes Echo aus dem Leserkreis.

Reinhild Berger
Herausgeberin und Chefredakteurin PTA*heute*

Vorwort

Das Berufsbild der Pharmazeutisch-technischen Assistentin (PTA) umfasst viel mehr, als es die Berufsbezeichnung erwarten lässt. Die Beratung ist für die meisten PTA zu einem zentralen Inhalt ihres Berufsalltags geworden. Die pharmazeutischen Tätigkeiten haben in der Apotheke auch betriebswirtschaftliche Aspekte, sodass alle Mitglieder des Apothekenteams Kenntnisse auf diesem Gebiet benötigen. Außerdem überlappt sich die Arbeit vieler PTA mit den kaufmännischen Tätigkeiten der Pharmazeutisch-kaufmännischen Angestellten (PKA). Doch in ihrer Ausbildung erfahren PTA kaum etwas über Betriebswirtschaftslehre für den Apothekenalltag.

Daher machte mir Reinhild Berger, Chefredakteurin der PTA*heute*, im Jahr 2006 den Vorschlag, in der meistgelesenen Zeitschrift für PTA einen Zertifikatskurs „Betriebswirtschaftlehre für die Apotheke" anzubieten. Die Idee überzeugte mich. Im Jahrgang 2007 der PTA*heute* erschien der Kurs mit 21 Folgen. Mit der Beantwortung von Fragen im Internet konnten die Teilnehmerinnen ein Zertifikat und Punkte für die Fortbildungszertifikate der Apothekerkammern erwerben. Die Teilnehmerzahl übertraf meine höchsten Erwartungen. Auch PKA und sogar PKA-Schulklassen nahmen an dem Kurs teil.

Um weiterhin ein Angebot für die praxisorientierte betriebswirtschaftliche Fortbildung mit Blick auf den Apothekenalltag machen zu können, wurde der Kurs zu einem Buch weiterentwickelt. Dabei wurden zusätzliche Themen aufgenommen, andere Aspekte wurden vertieft und aktualisiert. Außerdem wurden die Inhalte neu gegliedert. Das Buch soll in erster Linie als praxisorientiertes Lehrbuch dienen, kann aber auch als Nachschlagewerk genutzt werden. Im Unterschied zu den zahlreichen allgemeinen betriebswirtschaftlichen Lehrbüchern ist es konsequent auf die Zielgruppe der Beschäftigten in öffentlichen Apotheken ausgerichtet. Es enthält betriebswirtschaftliches Standardwissen, das immer aus dem Blickwinkel der Apotheke betrachtet wird, und ganz spezielle Aspekte der Tätigkeit in öffentlichen Apotheken, die in allgemeinen betriebswirtschaftlichen Büchern nicht zu finden sind. Pharmazeutische Arbeitsbereiche außerhalb der öffentlichen Apotheke werden bewusst ausgespart. Auch das Personalmanagement ist nicht enthalten, weil dies eine Aufgabe des Apothekenleiters ist.

Mein ganz besonderer Dank gilt Reinhild Berger für ihre Idee zu dem Betriebswirtschafts-Kurs für PTA und für die hervorragende Zusammenarbeit bei der Gestaltung des Kurses und des Buches. Darüber hinaus danke ich den Leserinnen und Lesern des Kurses für wertvolle Hinweise, die in die Gestaltung des Buches eingegangen sind, und Frau Dr. Jutta Zwicker für die sehr engagierte Bearbeitung im Lektorat und für ihre konstruktiven Vorschläge.

Süsel, Frühjahr 2009 *Thomas Müller-Bohn*

Inhalt

1 Einleitung

Die Apotheke zwischen Heilberuflichkeit und Handel

Der Beruf des Apothekers, wie er sich in Kontinentaleuropa entwickelt hat, und die Apotheke als Ort seiner Berufsausübung gehen auf Rechtsgrundsätze zurück, die der Stauferkaiser Friedrich II. bereits in den Jahren 1231 bis 1243 verkündete. Friedrich II. regierte über ein Gebiet, das etwa die Fläche der heutigen Staaten Deutschland, Österreich, Schweiz, Italien, Tschechische Republik und der Benelux-Staaten umfasste. Mit den für ihre Zeit erstaunlich fortschrittlichen Rechtssätzen von Melfi verfügte Friedrich II. neben vielen anderen Regelungen die Trennung der Berufe des Arztes und des Apothekers. So wurde der Apotheker als zweiter Heilberufler neben den Arzt gestellt, womit schon damals Grundgedanken des modernen Verbraucherschutzes umgesetzt wurden. Der Arzt sollte nicht an den von ihm verordneten Arzneimitteln verdienen und diese nur im Interesse des Patienten auswählen. Zugleich sollte sich der Apotheker auf die Qualität der gelieferten oder von ihm hergestellten Arzneimittel konzentrieren und damit eine eigenständige heilberufliche Aufgabe erfüllen, die ihn vom reinen Händler unterscheidet. Damit war schon damals die Doppelrolle des Apothekers angelegt, der einen Heilberuf ausübt, zu diesem Zweck aber Waren kauft und verkauft, also Handel treibt.

In einer moderneren Betrachtungsweise sind Apotheken wegen des Umfangs ihrer Handelstätigkeit vollkaufmännische Unternehmen im Sinne des Handelsgesetzbuches von 1897. Dies bildet noch heute die Grundlage des kaufmännischen Rechts in Deutschland. Dieser rechtlich zwingenden Vorgabe kann sich der Apotheker trotz seiner heilberuflichen Aufgabe nicht entziehen. Die Doppelgesichtigkeit des Apothekerberufes als Heilberufler und Kaufmann prägt zugleich die Gestaltung und Organisation der Apotheke und die Berufsbilder aller dort tätigen Berufsgruppen. Sie betrifft damit auch die viel später geschaffenen Berufe wie den PTA-Beruf.

So kann sich keine Berufsgruppe in der Apotheke allein der heilberuflichen Funktion widmen, sondern es müssen auch kaufmännische und unternehmerische Aspekte berücksichtigt werden. Dies gilt in unserer Zeit stärker als je zuvor, weil das Gesundheitswesen einen wesentlich größeren Anteil an der gesamten Wirtschaft als in der Vergangenheit hat und damit der gesellschaftliche Anspruch auf eine rationelle Arbeitsweise gestiegen ist und immer weiter zunimmt. Die Apotheke hat, insbesondere durch das GKV-Modernisierungsgesetz von 2004, Teile ihrer Sonderstellung innerhalb des Wirtschaftslebens verloren. Dies drückt sich insbesondere durch frei kalkulierbare Preise für apothekenpflichtige, aber nicht verschreibungspflichtige Arzneimittel und die Zulassung von bis zu drei Filialapotheken pro Hauptapotheke aus.

In diesem Umfeld benötigen alle Apothekenmitarbeiter betriebswirtschaftliches Grundlagenwissen – auch als Voraussetzung, um ihre heilberufliche Aufgabe zeitgemäß erfüllen zu können. Apotheken unterscheiden sich aber so sehr von anderen Handelsunternehmen, dass die umfangreiche allgemeine kaufmännische Literatur die notwendigen Kenntnisse nur bruchstückhaft vermitteln kann. Das vorliegende Buch soll diese Lücke schließen und die wesentlichen kaufmännischen Inhalte mit den Besonderheiten der Apotheke verbinden. Daher werden in einigen Kapiteln wirtschaftliche Themen angesprochen, die nur Apotheken betreffen, während es in anderen Kapiteln um allgemeine betriebswirtschaftliche Fragestellungen geht, die grundsätzlich in allen Unternehmen vorkommen, hier aber konsequent aus dem Blickwinkel der öffentlichen Apotheken betrachtet werden.

2 Die Apotheke als Unternehmen

Die Apotheken stellen die Arzneimittelversorgung sicher und sind damit ein zentraler Teil des Gesundheitswesens. Dabei erbringen sie auch eine erhebliche wirtschaftliche Leistung. In diesem Kapitel erfahren Sie, wie die Apotheken in die Strukturen des Gesundheitswesens eingebunden sind, welche wirtschaftliche Bedeutung die Apotheken haben und unter welchen rechtlichen Rahmenbedingungen ihre Tätigkeit stattfindet.

2.1 Die Apotheken als Teil des Gesundheitswesens

Das Gesundheitswesen erfüllt einerseits mit der Gesundheitsversorgung eine bedeutende gesellschaftliche Aufgabe und ist anderseits eine wirtschaftlich bedeutende Wachstumsbranche. Ende 2005 waren in Deutschland 4,3 Millionen Menschen im Gesundheitswesen beschäftigt, also etwa jeder neunte Erwerbstätige. Dabei nehmen die wirtschaftliche Leistung und die Zahl der Arbeitsplätze im Gesundheitswesen langfristig zu. Die große wirtschaftliche Bedeutung des Gesundheitswesens drückt die vielen zum Wohl der Patienten erbrachten Leistungen aus und wird dennoch nicht allgemein begrüßt. Denn den umfangreichen Leistungen stehen hohe Kosten gegenüber. Die Mittel, mit denen die Leistungen des Gesundheitswesens bezahlt werden, müssen überwiegend von gesetzlichen und privaten Krankenversicherungen und anderen Kostenträgern aufgebracht werden, die sich letztlich durch Beiträge der Versicherten und gegebenenfalls ihrer Arbeitgeber finanzieren. Dies wird als Belastung der Versicherten und der Wirtschaft insgesamt empfunden, weil die Gelder für Investitionen und Konsum an anderer Stelle fehlen und weil sie nicht „freiwillig“, sondern zwangsweise zur Behandlung von Krankheiten bezahlt werden. So werden die Leistungen für das Gesundheitswesen vielfach als leider notwendiges Übel dargestellt, während das Wachstum anderer Branchen uneingeschränkt als wirtschaftlich positiv begrüßt wird.

Das Gesundheitswesen in Deutschland kann grob in die stationäre und die ambulante Versorgung gegliedert werden, also in die Versorgung im Krankenhaus und außerhalb des Krankenhauses. In beiden Bereichen gelten in vieler Hinsicht sehr unterschiedliche Regeln für die Organisation und Finanzierung der Versorgung, sodass bei wirtschaftlichen Überlegungen stets zwischen diesen beiden Sektoren unterschieden werden muss. Krankenhäuser werden meist von Bundesländern, Kreisen oder Städten, von Kirchen oder von anderen gemeinnützigen Organisationen betrieben. Daneben wächst die Anzahl privatwirtschaftlicher Krankenhäuser, die mit dem Zweck der Gewinnerzielung geführt werden. Etliche Krankenhäuser gehören zu bundesweit tätigen Aktiengesellschaften. Dagegen überwiegen im ambulanten Bereich „kleinere“ Anbieter. Dies sind zu einem großen Teil freie Heilberufler wie Ärzte, Zahnärzte, Tierärzte und Apotheker, die eigenverantwortlich in einer eigenen Praxis beziehungsweise Apotheke arbeiten. Zwischen dem ambulanten und dem stationären Bereich gibt es bisher nur wenige Berührungspunkte. Die „integrierte Versorgung“, die als zusätzliche Versorgungsform beide Bereiche verbinden soll, findet bisher nur im Rahmen begrenzter Projekte statt (siehe Kap. 8.4).

Apotheken existieren sowohl im stationären als auch im ambulanten Bereich. Die Krankenhausapotheken sind wirtschaftlich unselbstständige Teile der Krankenhäuser. Naturgemäß stellen sich für Krankenhausapotheken ganz andere wirtschaftliche Fragen als für öffentliche Apotheken. In diesem Buch geht es daher nur um öffentliche Apotheken. Diese müssen sich als unabhängige Unternehmen am Markt bewähren. Eine Sonderstellung nehmen die öffentlichen krankenhausversorgenden Apotheken ein, die zusätzlich zu ihrer Aufgabe im ambulanten System auch Krankenhäuser mit Arzneimitteln versorgen. Beide Bereiche müssen aber in diesen Apotheken getrennt werden, sodass die Tätigkeit als öffentliche Apotheke weitgehend unabhängig von der Krankenhausversorgung betrachtet werden kann.

Wirtschaftliche Leistungen der Apotheken

Die wirtschaftliche Bedeutung der Apotheken für das Gesundheitssystem, aber auch für die Volkswirtschaft insgesamt kann anhand einiger Zahlen veranschaulicht werden: Ende 2006 waren in den 21.551 öffentlichen Apotheken in Deutschland 143.774 Personen beschäftigt, davon 46.953 Apothekerinnen und Apotheker und 48.656 PTA. Im Jahr 2006 setzten die Apotheken 34,9 Milliarden Euro (ohne Mehrwertsteuer) um (zur Verteilung dieses Umsatzes siehe Kap. 2.2). In gesundheitspolitischen Diskussionen wird allerdings oft übersehen, dass die Apotheken damit keineswegs für Gesundheitsausgaben der Gesellschaft in dieser Höhe verantwortlich sind. Krankenhäuser und Ärzte erhalten ihre Vergütungen überwiegend oder sogar ausschließlich für Leistungen, die sie selbst erbringen. Die Vergütungen sind damit ein Maß für die **Wertschöpfung**, die dort erbracht wird, also für den Wert, mit dem die Gesellschaft diese Leistungen honoriert. Dies ist bei Apotheken anders, weil Apotheken mit Arzneimitteln und anderen Waren handeln. Apotheken sind in dieser Hinsicht als Handels- und weniger als Dienstleistungsunternehmen zu betrachten. Der weitaus größte Teil des Apothekenumsatzes wird (meist über den pharmazeutischen Großhandel) an die Arzneimittelhersteller weitergereicht. Die Umsätze sind damit ein Ausdruck der Wertschöpfung der Hersteller, Großhändler und Apotheken zusammen, sie honorieren damit den ganzen Weg von der Entwicklung und Produktion eines Arzneimittels über seinen Handel bis zur Vorratshaltung und Beratung in der Apotheke. Nur die Differenz aus den Verkäufen und den Einkäufen der Apotheken ist ein Maß für die in den Apotheken erbrachten Leistungen, nur diese Differenz ist die Wertschöpfung der Apotheken – und nur für diese Beträge können die Apotheken im gesundheitspolitischen Sinne verantwortlich gemacht werden.

Für gesundheitspolitische Diskussionen ist besonders der **Wertschöpfungsanteil** der Apotheken an den Ausgaben der Gesetzlichen Krankenversicherung (GKV) bedeutsam (siehe Kap. 2.2), denn gerade diese Gelder sind knapp und sollen möglichst sparsam und zielgerichtet eingesetzt werden. Im Jahr 2006 hatte die GKV Ausgaben von 147,58 Milliarden Euro. Davon entfielen 16,2 Prozent auf Arzneimittel. In diesen 16,2 Prozent sind die 2,7 Prozent der Gesamtausgaben enthalten, mit denen die Apotheken für ihre Leistungen honoriert werden. Die Apotheken sind daher nur für 2,7 Prozent der Ausgaben der GKV verantwortlich zu machen und erbringen den überwiegenden Teil ihrer Leistungen für diesen Betrag – im Jahr 2006 knapp 4 Milliarden Euro (Umsatzdaten für 2006 sind vorläufig). Die Verteilung auf die übrigen Leistungen und Leistungserbringer ist in der Tabelle 2.1 zusammengestellt. Demnach geben die Krankenversicherungen doppelt so viel für ihre Verwaltung wie für die Leistungen der Apotheken aus.

Tabelle 2.1: Anteile verschiedener Leistungen oder Leistungserbringer an den Gesamtausgaben der Gesetzlichen Krankenversicherung im Jahr 2006

Leistung oder Leistungserbringer	Anteil in %
Krankenhäuser	34,1
Ärzte	15,1
Zahnärzte	5,2
Zahnersatz	1,8
Heil- und Hilfsmittel	5,5
Arzneimittel aus Apotheken	16,2 einschließlich 2,7 Wertschöpfungsanteil der Apotheken
Verwaltung	5,5
Sonstiges	16,6

Quelle: ABDA

2.2 Die Märkte der Apotheken

Den Apotheken obliegt gemäß § 1 Apothekengesetz „die im öffentlichen Interesse gebotene Sicherstellung einer ordnungsgemäßen Arzneimittelversorgung der Bevölkerung". Dies wird als **Sicherstellungsauftrag** bezeichnet. Während in früheren Jahrhunderten ein großer Teil der Arzneimittel in Apotheken hergestellt wurde, prägen heute überwiegend industriell hergestellte Fertigarzneimittel das Bild der Apotheken. Die Eigenherstellung gehört aber weiterhin zu den Aufgaben der Apotheken und zum Sicherstellungsauftrag. Aufgrund der rechtlichen Vorgaben stehen die Arzneimittel deutlich im Vordergrund gegenüber allen anderen Produkten, die in öffentlichen Apotheken angeboten werden. Diese übrigen Produkte werden als apothekenübliche Waren bezeichnet. Was dazu gehört, ist in § 25 Apothekenbetriebsordnung geregelt. Im Laufe der zurückliegenden Jahrzehnte wurde der Katalog der apothekenüblichen Waren erheblich ausgeweitet, sodass heute nahezu alle Waren mit Gesundheitsbezug dazu gerechnet werden können. Praktische Bedeutung haben insbesondere Nahrungsergänzungsmittel, diätetische Lebensmittel, Körperpflegemittel und Kosmetika, Verbandmittel, Hilfsmittel und Bücher (siehe Kap. 3.2 und 5.1). Neben Waren können Apotheken auch gesundheitsbezogene Dienstleistungen gegen Entgelt anbieten (siehe Kap. 3.3 und 5.7).

Aus wirtschaftlicher Sicht ist in erster Linie interessant, an wen welche Produkte unter welchen Bedingungen geliefert werden. Betriebswirtschaftlich formuliert heißt dies: Auf welchen Märkten sind öffentliche Apotheken tätig? Eine wichtige Unterscheidung aus dem Blickwinkel der Apotheken ist dabei, ob der jeweilige Kunde als Selbstzahler oder als GKV-Versicherter auftritt. Diese Unterscheidung erfordert eine nähere Betrachtung des deutschen Krankenversicherungssystems.

Markt

» Unter einem Markt wird in der Wirtschaftswissenschaft nicht nur ein Platz mit Händlern, sondern auch ein gedanklicher Ort verstanden, an dem Anbieter und Nachfrager Waren gegen Geld austauschen und sich dabei auf Preise einigen müssen. Die freie Marktwirtschaft ist demnach ein Wirtschaftssystem, in dem Güter nach dem Konzept eines frei zugänglichen Marktes gehandelt werden, wobei sich Preise aufgrund des Angebots und der Nachfrage bilden. Dabei sorgt steigende Nachfrage für steigende Preise, während steigendes Angebot zu sinkenden Preisen führt. Bei der in Deutschland praktizierten sozialen Marktwirtschaft wird dieses Konzept um zusätzliche soziale Elemente erweitert. Damit sollen sozial unerwünschte Folgen eines freien Marktgeschehens verhindert werden.

Gesetzliche Krankenversicherung

Der weitaus größte Teil der deutschen Bevölkerung ist in einer gesetzlichen Krankenversicherung versichert. Diese über 200 Versicherungen werden üblicherweise als die Gesetzliche Krankenversicherung (GKV) zusammengefasst, obwohl es sich dabei um verschiedene Unternehmen handelt, die aufgrund ihrer historischen Entwicklung als Allgemeine Ortskrankenkassen (AOK), Betriebskrankenkassen (BKK), Landwirtschaftliche Krankenkassen (LKK), Innungskrankenkassen (IKK) oder Ersatzkassen bezeichnet werden. Das wesentliche Kennzeichen der GKV sind **Beiträge**, die nicht vom Krankheitsrisiko des einzelnen Versicherten abhängen. Damit sind sie ein Ausdruck der Solidarität zwischen Kranken und Gesunden. Die Beiträge werden von den Versicherten und, sofern sie Arbeitnehmer sind, teilweise von ihren Arbeitgebern bezahlt. Seit Einführung der GKV hängen die Beiträge in erster Linie vom Einkommen des jeweiligen Versicherten ab, in der Politik wird aber auch über einheitliche Prämien pro Person diskutiert. Seit Anfang 2009 werden die einkommensabhängigen Beiträge in einen gemeinsamen Gesundheitsfonds gezahlt, der wiederum personenbezogene Prämien an die Versicherungen weiterleitet, deren Beträge von den bestehenden chronischen Erkrankungen der Versicherten abhängen. Diese Beitragszuweisung in Abhängigkeit von Erkrankungen wird als morbiditätsabhängiger Risikostrukturausgleich bezeichnet.

Typischerweise erhalten die Versicherten der GKV Leistungen nach dem **Sachleistungsprinzip**. Das bedeutet, dass sie Leistungen von Ärzten oder Krankenhäusern, in Apotheken bezogene, ärztlich verordnete Arzneimittel oder andere Leistungen nicht bezahlen müssen, sondern allenfalls eine genau geregelte Zuzahlung leisten müssen. Der Leistungserbringer, also beispielsweise der Arzt oder Apotheker, rechnet seine Leistungen ohne weitere Mitwirkung des Patienten mit der Krankenversicherung ab. Aus technischen Gründen nutzen die Apotheken dafür Apothekenrechenzentren. Die Alternative zum Sachleistungsprinzip ist das **Kostenerstattungsprinzip**. Dabei bezahlt der Patient alle Leistungen beim Leistungserbringer und lässt sich das Geld, möglicherweise unter Abzug einer Selbstbeteiligung, von seiner Krankenversicherung erstatten. Auch vielen GKV-Versicherten steht seit einiger Zeit die freiwillige Wahl des Kostenerstattungsprinzips offen, für die weitaus meisten GKV-Versicherten gilt aber das Sachleistungsprinzip.

Für Angestellte und Arbeiter ist die Mitgliedschaft in der GKV vorgeschrieben, sofern sie nicht bestimmte Einkommensgrenzen überschreiten, sie bleiben dann auch als Rentner in der GKV. Selbstständige und Freiberufler können freiwillige Mitglieder sein. Weitere Bevölkerungsgruppen erhalten z. B. als

Polizeibeamte, Soldaten oder Zivildienstleistende von staatlichen Stellen ähnliche Leistungen wie die GKV-Mitglieder.

Private Krankenversicherung

Damit gilt für die weitaus meisten Kunden in deutschen Apotheken das Sachleistungsprinzip, wenn eine ärztliche Verordnung zu beliefern ist. Die wichtigste Ausnahme bilden die knapp zehn Prozent der deutschen Bevölkerung, die Mitglieder einer privaten Krankenversicherung sind. Diese Unternehmen werden gemeinsam als die Private Krankenversicherung (PKV) bezeichnet. Ihr wichtigstes Kennzeichen sind die **risikoabhängigen Versicherungsbeiträge**. Die zu zahlenden Prämien werden beim Eintritt in die Versicherung für jeden Versicherten aufgrund seines Alters und seines Erkrankungsrisikos festgelegt, bei fortlaufenden Verträgen werden sie später aber nicht mehr an sein möglicherweise verändertes Krankheitsrisiko angepasst. Damit bilden die Versicherten eine Risikogemeinschaft wie die Kunden einer Haftpflicht- oder Feuerversicherung, bei der nicht jeder von einem großen Schaden getroffen wird. Die Beitragsgestaltung enthält aber keine sozialen Elemente wie bei der GKV. Typisch für die PKV sind Versicherungen mit dem Kostenerstattungsprinzip. In Apotheken treten die Versicherten der PKV daher als **Selbstzahler** auf. An der Abrechnung dieser Versicherten mit ihrer Krankenversicherung sind die Apotheken nicht beteiligt.

Weitere Selbstzahler in Apotheken

Eine weitere Gruppe von Selbstzahlern mit ärztlichen Verordnungen in Apotheken sind GKV-Versicherte, denen solche Arzneimittel verordnet wurden, die nicht von der GKV erstattet werden. Dazu zählen Arzneimittel, die im Zusammenhang mit der individuellen Lebensführung eingenommen werden, beispielsweise Kontrazeptiva oder Potenzmittel, aber auch Arzneimittel gegen geringfügige Gesundheitsstörungen, die als „Bagatellarzneimittel" bezeichnet werden. Seit 2004 sind zudem die nichtverschreibungspflichtigen Arzneimittel nicht mehr erstattungsfähig, sofern nicht bestimmte Ausnahmen vorliegen (siehe Kap. 3.1).

Vor diesem Hintergrund gliedern sich Patienten mit ärztlichen Verordnungen in Apotheken in GKV-Versicherte, deren Leistungen mit einer Krankenversicherung abzurechnen sind, und in Selbstzahler. Darüber hinaus sind selbstverständlich alle Apothekenkunden ohne ärztliche Verordnung Selbstzahler. Der Verkauf von nicht verordneten Arzneimitteln in Apotheken wird als **Selbstme-**

dikation oder **OTC-Geschäft** bezeichnet. Die Abkürzung OTC steht für „over the counter" (englisch): über den Handverkaufstisch. Damit ist gemeint, dass dieser Arzneimittelverkauf zwischen dem Apothekenpersonal und dem Kunden ohne Mitwirkung eines Arztes stattfindet. Meist wird die Bezeichnung OTC nur für die so abgegebenen Arzneimittel benutzt. Einen weiteren Teil des Apothekenumsatzes bilden die vielfältigen apothekenüblichen Waren, also Produkte, die keine Arzneimittel sind. Allerdings können einige davon wiederum von Ärzten zu Lasten der GKV verordnet werden, beispielsweise Verbandmittel oder Hilfsmittel.

Umsatzverteilung in Apotheken

Die Tabellen 2.2 und 2.3 vermitteln einen Eindruck von der wertmäßigen Bedeutung der verschiedenen Produkte in der Apotheke (zur Unterscheidung zwischen apothekenpflichtigen und freiverkäuflichen Arzneimitteln siehe Kap. 3.1, zum Begriff Umsatz siehe Kap. 5.2). Sie zeigen die herausragende Bedeutung der Arzneimittel gegenüber den sonstigen apothekenüblichen Waren. Außerdem erscheinen dort die verordneten Arzneimittel gegenüber der Selbstmedikation als wesentlich bedeutender. Dieser Eindruck wird jedoch durch Tabelle 2.4 relativiert, in der die in Apotheken abgegebenen Produkte anhand der Packungszahlen verglichen werden. Bei dieser Betrachtung steigt der Stellenwert der Selbstmedikation gegenüber den verordneten Arzneimitteln. Der Grund für diesen Unterschied liegt in den meist weitaus geringeren Preisen der Arzneimittel in der Selbstmedikation im Vergleich zu verordneten Arzneimitteln. Der Anteil am Arbeitsaufwand in der Apotheke wird aber eher in der Betrachtung der Packungszahlen deutlich. Weitere Ausführungen zur Abgrenzung der verschiedenen Gruppen von Arzneimitteln sind in den Tabellen im Kapitel 3 nachzulesen.

Tabelle 2.2: Umsatzstruktur der Apotheken im Jahr 2006, gemessen in Umsatzwerten, Verteilung auf Arzneimittel und andere Waren

	Milliarden €	Prozent
Apothekenumsatz insgesamt, davon:	34,9	100,0
Arzneimittel	32,3	92,6
Krankenpflegemittel	1,4	4,0
Sonstige apothekenübliche Waren	1,2	3,4

Quelle: ABDA

Tabelle 2.3: Umsatzstruktur der in Apotheken abgegebenen Arzneimittel im Jahr 2006, gemessen in Umsatzwerten

		Milliarden €	Prozent vom Gesamtumsatz
Arzneimittel insgesamt, davon:		32,3*	92,6*
Verordnete Arzneimittel (GKV, PKV und Sonstige)		26,9	77,1
	Verschreibungspflichtig	25,4	72,8
	Nichtverschreibungspflichtig	1,5	4,3
Selbstmedikation		5,4	15,5
	Apothekenpflichtig	4,4	12,6
	Freiverkäuflich	1,0	2,9

*entsprechend den Angaben für den Arzneimittelumsatz in Tabelle 2.2

Quelle: ABDA

Tabelle 2.4: Umsatzstruktur der in Apotheken abgegebenen Arzneimittel im Jahr 2006, gemessen in Packungszahlen

		Millionen Packungen	Prozent von der gesamten Packungszahl
Arzneimittel insgesamt, davon:		1.510	100,0
Verordnete Arzneimittel (GKV, PKV und Sonstige)		834	55,2
	Verschreibungspflichtig	686	45,5
	Nichtverschreibungspflichtig	148	9,8
Selbstmedikation		676	44,8
	Apothekenpflichtig	603	39,9
	Freiverkäuflich	73	4,8

Quelle: ABDA

2.3 Rechtsformen

Zu den grundlegenden Entscheidungen bei der Aufnahme einer unternehmerischen Tätigkeit gehört, eine Rechtsform für das Unternehmen zu wählen. Die Rechtsform ist wesentlich für die rechtlichen Beziehungen des Unternehmens zu Kunden, Lieferanten und anderen Geschäftspartnern. Sie ist insbesondere für die Frage relevant, wer in welchem Maße haftet, wenn das Unternehmen in Zahlungsschwierigkeiten kommen sollte. Darüber hinaus hängen die rechtlichen Beziehungen mehrerer Geschäftspartner, die gemeinsam ein Unternehmen gründen und führen, von der Rechtsform ab. Außenstehende erkennen die Rechtsform eines Unternehmens am Rechtsformzusatz, der eine

Abkürzung für die Rechtsform des Unternehmens darstellt und einen Teil des Namens bildet.

Zu den Pflichtangaben für Unternehmen auf Briefen und neuerdings auch in E-Mails gehören daher die sogenannte **Firma** mit dem Rechtsformzusatz, die Anschrift, der Ort, an dem das Unternehmen im Handelsregister eingetragen ist, und die Nummer der Eintragung. Die Firma ist der Name eines vollkaufmännischen Unternehmens, wie er im Handelsregister eingetragen ist. Dazu gehört auch der **Rechtsformzusatz**. Dies ist die Bezeichnung der Rechtsform mit einer üblichen Abkürzung (siehe unten). Das **Handelsregister** ist ein öffentlich zugängliches Register, das bei den Amtsgerichten geführt wird. Dort sind alle vollkaufmännisch geführten Unternehmen und alle Handelsgesellschaften mit ihrer Firma eingetragen. Aus diesen Eintragungen geht in Verbindung mit den Angaben zu den Eigentümern und anderen Verantwortlichen im Unternehmen zumindest grob hervor, wem das Unternehmen gehört, wer für das Unternehmen rechtsverbindliche Erklärungen abgeben darf, wem die Gewinne zustehen und wer für Verluste haften muss. So vermittelt die Handelsregistereintragung einige grundlegende Informationen über das Unternehmen.

Für Freiberufler, die kein Handelsgewerbe betreiben, wie Ärzte oder Rechtsanwälte, gibt es eine solche Rechtsform im handelsrechtlichen Sinne nicht. Sie handeln eigenverantwortlich und betreiben kein Unternehmen, ihre Verantwortung ist nicht zu teilen. Sie sind auch nicht im Handelsregister eingetragen. Rechtsgrundlage ihrer Geschäfte ist das Bürgerliche Gesetzbuch (BGB). Mehrere Freiberufler zusammen können sich beispielsweise in einer Gesellschaft bürgerlichen Rechts (BGB-Gesellschaft) zusammenschließen. Außenstehende können ihre Forderungen gegen eine solche BGB-Gesellschaft bei jedem Partner der Gesellschaft eintreiben.

Rechtsformen für Apotheken

Das Handelsgesetzbuch bestimmt, dass jeder, der ein Handelsgewerbe betreibt, einen kaufmännischen Geschäftsbetrieb einrichten muss. Da der Handel mit Arzneimitteln in Apotheken ein Handelsgewerbe ist, gilt dies auch für Apotheken. Sie sind sogenannte vollkaufmännische Unternehmen. Da Apotheker aber zugleich Heilberufler sind, schreibt das Apothekengesetz vor, dass ein Apotheker seine Apotheke in eigener Verantwortung betreiben muss, was die Wahl der Rechtsformen einschränkt. Die häufigste Rechtsform für Apotheken ist der **eingetragene Kaufmann** (e. K. oder eKfm.) oder die **eingetragene Kauffrau** (e. K. oder eKfr.). Diese Rechtsform wird auch als **Einzelkaufmann** bezeichnet, der Begriff der „Eintragung“ bezieht sich hier auf das Handelsregister. Ein eingetragener Kaufmann beziehungsweise eine eingetragene Kauffrau bestimmt alle rechtlich relevanten Entscheidungen für das Unternehmen, haftet mit dem gesamten privaten Vermögen für die Verbindlichkeiten des Unternehmens und hat das alleinige Recht auf den Gewinn nach Abzug der Steuern.

Verbindlichkeiten

» Als Verbindlichkeiten werden alle Zahlungsverpflichtungen oder Schulden eines Unternehmens bezeichnet. Die Personen oder Unternehmen, gegenüber denen das Unternehmen zur Zahlung verpflichtet ist, werden die Gläubiger genannt. Der Zahlungspflichtige heißt Schuldner (siehe Kap. 4.1 und 4.2).

Eine weitere zulässige Rechtsform für Apotheken ist die **offene Handelsgesellschaft** (oHG). Dabei besitzen und betreiben mehrere Apothekerinnen oder Apotheker gemeinsam eine Apotheke. Sie teilen den Gewinn und haften erforderlichenfalls alle mit ihrem Privatvermögen für die Verbindlichkeiten der Apotheke. Gemäß Apothekengesetz dürfen nur Apotheker eine Apotheke besitzen und eigenverantwortlich führen, sei es als Einzelkaufmann oder in einer oHG. Einen Sonderfall bildet die **Verpachtung**, bei der der Eigentümer die Apotheke nicht selbst betreibt. Der Pächter, der die Apotheke betreibt, ist aber auch in diesem Fall eingetragener Kaufmann und ebenso selbst verantwortlich wie ein Eigentümer.

Andere Rechtsformen als der Einzelkaufmann und die oHG sind für Apotheken bei Redaktionsschluss für dieses Buch nicht zulässig. Dies ist jedoch Gegenstand von Auseinandersetzungen vor dem Europäischen Gerichtshof (siehe Kap. 2.4). Davon unabhängig ist die Kenntnis weiterer Rechtsformen wichtig, um die Haftung anderer Unternehmen einschätzen zu können, die an eine Apotheke liefern oder von dieser Waren erhalten.

Kommanditgesellschaften

Zu den im Wirtschaftsleben weit verbreiteten Rechtsformen gehört die Kommanditgesellschaft (KG). Sie ist ebenso wie der Einzelkaufmann und die oHG eine **Personengesellschaft**. Das bedeutet, dass mindestens eine Person in der Gesellschaft mit ihrem ganzen Vermögen für die Gesellschaft haftet. In einer KG heißt diese Person Komplementärin. Daneben gibt es einen oder mehrere Kommanditisten, die an der Gesellschaft beteiligt sind, also Geld zur Verfügung stellen. Dieser Geldbetrag ist aber bei den Kommanditisten begrenzt. Auch wenn das Unternehmen zahlungsunfähig wird, haften die Kommanditisten höchstens mit diesem einmalig festgesetzten Betrag. Rechtsgrundlage aller kaufmännischen Personengesellschaften ist das Handelsgesetzbuch.

Kapitalgesellschaften

Im Unterschied zu den Personengesellschaften gibt es bei Kapitalgesellschaften keine unbegrenzt persönlich haftenden Gesellschafter. Stattdessen zahlt jeder Gesellschafter einen bestimmten Betrag. Zusammengenommen bildet dies das **Eigenkapital** des Unternehmens. Der Gegenbegriff zum Eigenkapital ist das **Fremdkapital**. Das Fremdkapital wird dem Unternehmen von anderen Personen als den Gesellschaftern gewährt, beispielsweise als Kredit von einer Bank (siehe Kap. 4.2). Wenn die Gesellschafter ihre vereinbarte Einlage in das Unternehmen geleistet haben, ist ihre Haftung erfüllt und sie müssen nicht mit ihrem weiteren Vermögen für das Unternehmen haften.

Die wichtigsten Formen der Kapitalgesellschaften sind die Gesellschaft mit beschränkter Haftung (GmbH), die Aktiengesellschaft (AG), die Kommanditgesellschaft auf Aktien (KGaA) und die eingetragene Genossenschaft (eG). Diese Gesellschaften sind eigene Rechtspersönlichkeiten, sogenannte **juristische Personen**, die wie natürliche Personen (also Menschen) rechtswirksame Erklärungen abgeben können, andere verklagen oder selbst verklagt werden können. Die GmbH ist die häufigste Form der Kapitalgesellschaft. Sie bietet eine relativ einfache Möglichkeit, ein Unternehmen ohne volle persönliche Haftung zu betreiben. Typischerweise soll die GmbH mehrere Gesellschafter verbinden, die gemeinsam an der Gesellschaft beteiligt sind und die Einzelheiten dieser Beteiligung in einem Gesellschaftsvertrag regeln. Mit einigen Einschränkungen ist es aber auch möglich, alleine eine GmbH zu gründen. Zum Schutz der Gläubiger ist ein Eigenkapital von mindestens 25.000 Euro vorgeschrieben. Einen Sonderfall bildet die GmbH&Co KG. Bei dieser Rechtsform ist die voll haftende Komplementärin einer KG keine natürliche Person, sondern eine GmbH, deren Haftung wiederum begrenzt ist, sodass letztlich auch in der GmbH&Co KG kein Mensch voll haftet. Darüber hinaus wurde im November 2008 die Unternehmergesellschaft (UG) als neue Rechtsform eingeführt. Sie arbeitet praktisch wie eine vereinfachte GmbH, jedoch ohne Untergrenze für das Eigenkapital. Kritiker nennen sie daher eine „Kapitalgesellschaft ohne Kapital". Ob sich dies in der Praxis durchsetzen wird, bleibt abzuwarten.

Weitaus komplizierter als eine GmbH ist eine AG oder KGaA zu gründen und zu betreiben, weil dabei sehr viele Regelungen und Formvorschriften zu beachten sind. Die KGaA als eher seltener Fall wird hier nicht näher betrach-

Tabelle 2.5: Rechtsformen für Unternehmen, geordnet nach der Haftung der an den Unternehmen beteiligten Personen

Personengesellschaften		**Kapitalgesellschaften (ohne volle Haftung der Beteiligten)**
Mit voller Haftung aller Beteiligten	**Ohne volle Haftung aller Beteiligten**	
– Einzelunternehmen: eingetragener Kaufmann (e. K., eKfm.), eingetragene Kauffrau (e. K., eKfr.) – Offene Handelsgesellschaft (oHG)	– Kommanditgesellschaft (KG, nur die Komplementärin haftet voll) – Sonderfall mit Beteiligung einer Kapitalgesellschaft: GmbH&Co KG	– Unternehmergesellschaft (UG) – Gesellschaft mit beschränkter Haftung (GmbH) – Aktiengesellschaft (AG) – Kommanditgesellschaft auf Aktien (KGaA, nur die Komplementärin haftet voll) – Eingetragene Genossenschaft (eG)

tet. Im Unterschied zur GmbH sind die Gesellschaftsanteile an der AG als Aktien verbrieft, sodass sie ohne Änderung des Gesellschaftsvertrages sehr einfach verkauft werden können. Damit ist für Außenstehende nicht nachvollziehbar, wem die Aktien zu einem bestimmten Zeitpunkt gehören. Die Aktien können sogar an einer Aktienbörse gehandelt und damit einem breiten Publikum zum Kauf angeboten werden, dies nutzen aber nur die wenigsten Aktiengesellschaften. Die wichtigsten Grundsatzentscheidungen in einer AG fällen die Aktionäre, also die Eigentümer, in der jährlich stattfindenden Hauptversammlung. Die Abstimmungsverhältnisse richten sich nach der Zahl der Aktien und damit nach dem wertbezogenen Anteil am Unternehmen. Dies ist der wesentliche Unterschied zur eG, denn in der Generalversammlung (so heißt das der Hauptversammlung der AG entsprechende Gremium bei der eG) hat jeder Gesellschafter eine Stimme, weil jeder Gesellschafter mit dem gleichen Geldbetrag an der eG beteiligt ist. Bei der eG gibt es keine Aktien, sondern gleichwertige Geschäftsanteile. Die meisten Genossenschaften sind als Organisationen zur Selbsthilfe von Freiberuflern entstanden. Die ersten Genossenschaften waren Einkaufsgemeinschaften von Landwirten. Beispiele aus dem pharmazeutischen Bereich sind die Großhändler Sanacorp eG und Noweda eG als Genossenschaften von Apothekern. Die Tabelle 2.5 bietet eine Übersicht über die wichtigsten Rechtsformen für Unternehmen in Deutschland.

Geschäftsführer

Damit juristische Personen handeln können, muss es natürliche Personen geben, die dies in ihrem Namen tun. Darum müssen für solche Unternehmen

Geschäftsführer „bestellt“ werden. Die Formulierung „bestellt“ muss von „angestellt“ unterschieden werden, denn Angestellte werden von einem Unternehmer oder einem Unternehmen beauftragt. Der bestellte Geschäftsführer handelt dagegen als ein Bestandteil des Unternehmens und wird daher auch als „Organ“ des Unternehmens bezeichnet. Im wirtschaftlichen Sprachgebrauch heißt es, dass der Geschäftsführer die Gesellschaft „vertritt“. Ein Unternehmen kann auch mehrere Geschäftsführer haben. Bei der AG und eG gibt es anstelle des Geschäftsführers einen meist aus mehreren Personen bestehenden Vorstand. Geschäftsführer können nicht nur für Kapitalgesellschaften, sondern auch für Personengesellschaften bestellt werden, aber nicht für Apotheken – denn das Apothekengesetz schreibt die eigenverantwortliche Leitung durch den Inhaber vor.

2.4 Kooperationen und Franchise

Die Rechtsform ist eine wichtige Eigenschaft eines Unternehmens, aber daneben können auch vertragliche Vereinbarungen große Bedeutung für die Wahrnehmung unternehmerischer Freiheiten haben. Gerade für Apotheken kann dies sehr bedeutend sein, weil die Wahl der Rechtsform bei ihnen so stark begrenzt ist. Die wichtigsten Vertragsformen, die die unternehmerischen Entscheidungen des Apothekenleiters und den Alltag in der betreffenden Apotheke erheblich beeinflussen können, sind der Beitritt zu einer Apothekenkooperation oder zu einem Franchisesystem.

Kooperationen

Der erklärte Zweck der meisten Apothekenkooperationen besteht darin, die wirtschaftliche Unabhängigkeit der Mitgliedsapotheken zu stärken. Dazu werden einige Aufgaben, die gemeinsam besser oder kostengünstiger zu bewältigen sind, von der Kooperation ausgeführt. Damit strebt die Kooperation **positive Skaleneffekte** an. Dies kann sich beispielsweise bei Einkaufsverhandlungen mit der Industrie oder bei den Kosten für das Marketing auswirken. An der rechtlichen, wirtschaftlichen und pharmazeutischen Verantwortung des Apothekenleiters ändert dies nichts. Wenn die Kooperation für die Apotheke nützlich sein soll, muss der Apothekenleiter aber die gemeinsamen Maßnahmen umsetzen. Günstige Einkaufsbedingungen sind nur sinnvoll, wenn die Produkte in der jeweiligen Apotheke tatsächlich empfohlen werden. Entsprechendes gilt für gemeinsame Werbung. So ist jede Beteiligung an einer Kooperation eine Gratwanderung zwischen der Unabhängigkeit jedes Apothekenleiters und der Notwendigkeit, gemeinsame Beschlüsse der Kooperationsmitglieder auch dann umzusetzen, wenn sie im Einzelfall keine ungeteilte Zustimmung finden. Je mehr gemeinsame Maßnahmen beschlossen werden, umso deutlicher wird dieses Problem.

Skaleneffekte

» Positive Skaleneffekte sind Vorteile, die sich aus einer größeren Geschäftstätigkeit gegenüber kleineren Einheiten ergeben, insbesondere weil sich die Kosten auf eine größere Tätigkeit (beispielsweise auf viele Apotheken) verteilen. Dies wird ausführlich im Kap. 5.4 dargestellt.

Das wahrscheinlich wichtigste Unterscheidungsmerkmal von Apothekenkooperationen ist, ob die beteiligten Apotheken gegenüber den Kunden unter einer gemeinsamen **Dachmarke** auftreten und so ihre Zusammengehörigkeit nach außen hin deutlich machen. Dies wird im Zusammenhang mit dem Marketing näher erläutert (siehe Kap. 7.4).

Franchise

Das ursprünglich französische, aber auch im Deutschen und Englischen verwendete Wort Franchise bezeichnet vordergründig eine bestimmte Form der Selbstbeteiligung, hat aber in unterschiedlichen Zusammenhängen vielfältige Bedeutungen. In dem hier gemeinten Zusammenhang steht es für eine besondere Vertragsform unternehmerischer Zusammenarbeit, bei der ein großes Unternehmen, der Franchisegeber, die Rechte zur Nutzung eines Unternehmenskonzeptes an viele Franchisenehmer abgibt und dafür eine Gebühr erhält. Die Rechtsverhältnisse zwischen Franchisegeber und -nehmer sind in einem Franchisevertrag geregelt. Der Franchisenehmer bleibt aber ein rechtlich selbstständiges Unternehmen, seine Kunden stehen in keiner rechtlichen Beziehung zum Franchisegeber. Denn das Franchise ist keine Rechtsform eines Unternehmens, sondern nur eine besondere Vertragsform für die Zusammenarbeit zwischen Franchisegeber und -nehmer. Das vermutlich bekannteste Franchiseunternehmen der Welt ist McDonalds. Hier gehören die einzelnen Filialen jeweils eigenständigen Unternehmern, die aber in der Wahl ihrer Gestaltungsmöglichkeiten durch den Franchisevertrag stark eingeschränkt sind, wie das weltweit einheitliche Erscheinungsbild verdeutlicht.

Franchise existiert auch bei Apotheken. Die Außendarstellung solcher Apotheken weist auf den jeweiligen Franchisegeber hin, aber sie sind rechtlich selbstständige Einzelunternehmen. Sie dürfen, wie andere Apotheken in Deutschland, nur als einzelkaufmännische Unternehmen oder als oHG geführt werden. Der Franchisevertrag mit einem größeren Unternehmen ändert nichts an der Rechtsform der Apotheke.

Rechtsstreit um Apothekenketten

Im Vergleich zu Kooperationen oder zum Franchise wären Apothekenketten eine weitaus stärkere Form der Zusammenarbeit. Solche Ketten sind beispielsweise in den USA, Großbritannien, Norwegen, der Schweiz und einigen osteuropäischen Staaten erlaubt. Apothekenketten sind die einzelnen Apotheken nur unselbstständige Filialen mit einem angestellten Filialleiter. Da solchen Ketten Hunderte oder sogar Tausende Apotheken angehören können und dafür viel Kapital erforderlich ist, werden sie üblicherweise als Aktiengesellschaften betrieben.

In Deutschland sind Ketten wegen des **Fremd- und Mehrbesitzverbotes** für Apotheken zum Zeitpunkt des Redaktionsschlusses für dieses Buch unzulässig. Das Mehrbesitzverbot verbietet mehr als vier Apotheken im Rahmen eines Unternehmens zu betreiben und verhindert damit Apothekenketten. Dahinter steht die Vorstellung, dass ein einzelner Apotheker eine übergeordnete Verantwortung für bis zu vier Apotheken wahrnehmen und sich um bis zu vier Apotheken persönlich kümmern kann, auch wenn jeweils ein Filialleiter für die alltägliche Arbeit bestimmt werden muss (siehe Kap. 2.5). Das Fremdbesitzverbot verbietet Nicht-Apothekern den Besitz von Apotheken. Außerdem ist der Betrieb von Apotheken als KG oder als Kapitalgesellschaft, also in allen Rechtsformen, bei denen einzelne oder alle Gesellschafter nur beschränkt haften, verboten.

Grundlage des deutschen Fremd- und Mehrbesitzverbotes ist die Stellung des Apothekers als freier Heilberufler (siehe Kap. 1). Dies erfordert seine eigenverantwortliche Tätigkeit und schließt eine Teilung seiner Verantwortung aus (siehe Kap. 2.3). Das Fremd- und Mehrbesitzverbot ergibt sich aus dem Selbstverständnis und der Geschichte des Apothekerberufes in Deutschland und vielen anderen europäischen Ländern. Es ist lange als Instrument des Verbraucherschutzes bewährt (siehe Kap. 1), wird aber juristisch angegriffen und ist daher zum Zeitpunkt des Redaktionsschlusses für dieses Buch Gegenstand eines Verfahrens vor dem Europäischen Gerichtshof. Möglicherweise werden daraus Konsequenzen für die deutsche Apothekengesetzgebung resultieren, die hier naturgemäß noch nicht berücksichtigt werden können.

2.5 Filialapotheken und Versandhandel

Mit dem GKV-Modernisierungsgesetz sind im Jahr 2004 einige Regelungen für Apotheken in Kraft getreten, die gegenüber der früheren Rechtslage wesentliche neue Gestaltungsmöglichkeiten geschaffen haben. Dazu gehören insbesondere die Möglichkeiten, Filialapotheken zu gründen und Arzneimittel im Versandhandel in den Verkehr zu bringen, also nicht nur persönlich in der Apotheke.

Filialapotheken

Mit einer Apothekenbetriebserlaubnis darf ein Apotheker seit 2004 neben der Hauptapotheke bis zu drei weitere Apotheken als Filialen betreiben, zuvor war dies nicht zulässig. Ende 2006 waren von insgesamt 21.551 Apotheken in Deutschland 1.796 Filialen. In den Filialen ist jeweils ein Apotheker als Filialleiter für den laufenden Betrieb pharmazeutisch verantwortlich. Das ändert aber nichts an der rechtlichen und kaufmännischen Verantwortung des Inhabers des Filialverbundes. Die wirtschaftliche Verantwortung, also das Risiko des wirtschaftlichen Scheiterns bis zum Verlust des privaten Vermögens, aber auch die Aussicht auf Gewinn, liegt beim Leiter der Hauptapotheke. Der Filialleiter bleibt dagegen ein Angestellter.

Wie eine einzelne Apotheke darf der Filialverbund nur als Einzelunternehmen oder als oHG betrieben werden. Dies ist anhand des Briefkopfes und der Handelsregistereintragung zu erkennen. Die Kunden dürften das aber nur bemerken, wenn die Apotheken eines Filialverbundes gemeinsame Werbung (siehe Kap. 7.4) betreiben und so ihre Zusammengehörigkeit deutlich machen. Die Filialapotheken sind in rechtlicher Hinsicht „Vollapotheken“ und verursachen daher weitgehend die gleichen Kosten wie andere Apotheken. Im Zusammenhang mit der Kostenrechnung wird dies näher betrachtet (siehe Kap. 5.4).

Versandhandel

Als weitere Neuerung wurde 2004 der Arzneimittelversandhandel zugelassen. Er ist von dem früher schon angewendeten Botendienst zu unterscheiden. Beim Botendienst bringt der Patient sein Rezept in die Apotheke oder äußert dort seinen Arzneimittelwunsch und wird daraufhin in der Apotheke beraten. Falls das Arzneimittel nicht vorrätig ist, kann es später durch einen Boten geliefert werden. Beim Versandhandel dagegen betritt der Patient die Apotheke nicht, sondern sendet das Rezept per Post oder äußert seinen Arzneimittelwunsch per Post, Telefon, Fax oder Internet. Dann muss die Apotheke eine telefonische Beratung ermöglichen. Darüber hinaus bestehen umfangreiche rechtliche Vorschriften zur Organisation und Überwachung des Versandes und zur Sicherheit des Versandweges. Eine umfassende und praxisgerechte Interpretation der Vorschriften bietet die Leitlinie der Bundesapothekerkammer „Versand der Arzneimittel aus der Apotheke" (im Internet unter www.abda.de). Die Einzelheiten würden diese betriebswirtschaftliche Betrachtung sprengen. Angesichts der Vielzahl der Vorschriften ist der ordnungsgemäße Arzneimittelversandhandel mit hohen Kosten für die Apotheke verbunden. Ob sich der Versand bei diesen Kosten überhaupt lohnt, hängt insbesondere von den erzielten Umsätzen und Preisen ab (siehe Kap. 5.5).

Das Wichtigste in Kürze

- Die Apotheken stellen die Arzneimittelversorgung sicher.
- Der wichtigste wirtschaftliche Partner der Apotheken ist die GKV, die ihre Versicherten überwiegend nach dem Sachleistungsprinzip versorgt.
- Darüber hinaus werden in Apotheken viele Arzneimittel und andere Produkte an Selbstzahler abgegeben bzw. verkauft.
- Die Zusammenarbeit mehrerer Gesellschafter und deren Haftung für das Unternehmen hängen von der Rechtsform des Unternehmens ab.
- Bei der Wahl der Rechtsform sind Apotheken an die apothekenrechtlichen Vorschriften gebunden.

Übungen

Frage 2.1: Welche Aussage über die Versicherten der Privaten Krankenversicherung trifft zu?

a) Sie treten in den Apotheken fast immer als Selbstzahler auf.
b) Ihre Versicherungsbeiträge hängen von ihrem Einkommen ab.
c) Sie müssen in Apotheken nur OTC-Arzneimittel selbst bezahlen.

Frage 2.2: Welche Rechtsform zählt zu den Kapitalgesellschaften?

a) Einzelkaufmann
b) offene Handelsgesellschaft
c) Gesellschaft mit beschränkter Haftung.

Frage 2.3: Welche Aussage über Apothekenfilialen trifft zu?

a) Jede Filiale muss einzeln als rechtlich selbstständiges Unternehmen in der Rechtsform des Einzelunternehmens oder der offenen Handelsgesellschaft geführt werden.
b) Der gesamte Filialverbund muss als rechtlich selbstständiges Unternehmen in der Rechtsform des Einzelunternehmens oder der offenen Handelsgesellschaft geführt werden.
c) Die Hauptapotheke muss als Einzelunternehmen oder offene Handelsgesellschaft geführt werden, für die Filialen steht die Rechtsform frei.

Übungen (Fortsetzung)

Frage 2.4: Was kann eine wichtige Begründung für die Beteiligung an einer Apothekenkooperation sein?

a) haftungsrechtliche Vorteile durch die veränderte Rechtsform
b) kostengünstige Marketingmaßnahmen durch die Zusammenarbeit vieler Apotheken
c) Kostenvorteile durch Filialisierung.

Frage 2.5: In welcher rechtlichen und wirtschaftlichen Stellung befindet sich ein Franchisenehmer?

a) als Angestellter
b) als selbstständiger Unternehmer, der an die vertraglichen Regelungen seines Franchisevertrages gebunden ist
c) als Organ einer Gesellschaft.

Lösungen siehe Anhang 2.

3 Produkte und Leistungen aus der Apotheke

Eine zentrale Bedeutung für jedes Unternehmen haben die angebotenen Produkte und Dienstleistungen. Apotheken bieten entsprechend ihrem Versorgungsauftrag in erster Linie Arzneimittel an. Diese können nicht nur nach pharmazeutischen Kriterien, sondern auch nach wirtschaftlichen Kriterien unterschieden werden. In diesem Kapitel werden die dafür nötigen Begriffe wie Originale, Generika, Importe und „Me too"-Arzneimittel erklärt und auch die übrigen Angebote der Apotheken nach wirtschaftlichen Maßstäben geordnet.

3.1 Arzneimittel (insbesondere Fertigarzneimittel)

Die Einteilungen der Arzneimittel nach pharmazeutischen Gesichtspunkten wie Indikation, Substanzklasse und Darreichungsform sind Selbstverständlichkeiten für das pharmazeutische Personal. Doch können die gleichen Produkte auch nach wirtschaftlichen Kriterien unterschieden werden, was für den Arzneimittelmarkt und oft auch für die Arbeit in der Apotheke große Auswirkungen hat. Ein pharmazeutisch begründetes Gliederungskriterium, das aber viele wirtschaftliche Folgen hat, sind die Abgabebedingungen. Dabei werden verschreibungspflichtige, apothekenpflichtige und freiverkäufliche Arzneimittel unterschieden. Ohne weitere Bestimmungen sind alle Arzneimittel in Deutschland **apothekenpflichtig**, sie dürfen also nur in Apotheken abgegeben werden. Damit beschränkt sich auch der Preiswettbewerb für diese Produkte auf Apotheken einschließlich Versandapotheken. Über die Apothekenpflicht hinaus können Arzneimittel **verschreibungspflichtig** sein, weil ihre Anwendung einer ärztlichen Überwachung unterstellt werden soll. Die Entscheidung für die Verschreibungspflicht ergibt sich aus den möglichen Gefahren einer Fehlanwendung und der ärztlichen Behandlungsbedürftigkeit der jeweiligen Krankheit. Obwohl diese Entscheidung nur nach pharmazeutischen und medizinischen Maßstäben getroffen wird, hat sie erhebliche wirtschaftliche Folgen (siehe Kap. 5.1):

- Die Preisbindung durch die Arzneimittelpreisverordnung gilt nur für verschreibungspflichtige Arzneimittel.
- Nichtverschreibungspflichtige Arzneimittel dürfen seit Inkrafttreten des GKV-Modernisierungsgesetzes von 2004 nur von der GKV erstattet wer-

den, wenn sie für Kinder verordnet werden oder auf einer Ausnahmeliste verzeichnet sind, wobei die letztere Ausnahme auf bestimmte Anwendungsgebiete beschränkt sein kann.

Freiverkäuflich oder apothekenpflichtig?

» Leider wird der Begriff der freiverkäuflichen Arzneimittel in vielen laienhaften Darstellungen fehlerhaft als Gegenbegriff zu verschreibungspflichtigen Arzneimitteln gebraucht und in unzulässiger Weise mit dem Begriff „apothekenpflichtig" vermengt. Bei diesem verbreiteten Fehlgebrauch des Wortes „freiverkäuflich" ist eigentlich gemeint, dass diese Arzneimittel frei – also ohne Rezept – zu kaufen (!), also „frei käuflich" sind, aber eben nicht unbedingt überall, sondern nur in Apotheken zu verkaufen (!) sind. Richtigerweise sind solche Arzneimittel als apothekenpflichtig zu bezeichnen. Freiverkäuflich sind dagegen Arzneimittel, die auch außerhalb von Apotheken verkauft werden dürfen.

Arzneimittel können ausnahmsweise von der Apothekenpflicht befreit, also „**freiverkäuflich**" sein und dann auch außerhalb von Apotheken verkauft werden. Bei diesen Produkten stehen die Apotheken im Preiswettbewerb mit Drogerie- und Supermärkten, die wesentlich geringere Anforderungen als Apotheken erfüllen und daher weniger Kosten in ihrer Kalkulation berücksichtigen müssen. Dies ist für Apotheken nachteilig und macht die wirtschaftliche Bedeutung der Apothekenpflicht deutlich. Eine Übersicht über die Einteilung der in Apotheken angebotenen Waren nach ihren rechtlichen Abgabebedingungen bietet die Tabelle 3.1.

Tabelle 3.1: Einteilung der in Apotheken angebotenen Waren, geordnet nach den rechtlichen Bedingungen für die Abgabe

<table>
<tr><th colspan="4">Einteilung der Waren</th></tr>
<tr><td>Nichtarzneimittel</td><td colspan="3">Arzneimittel</td></tr>
<tr><td colspan="2">Freiverkäuflich</td><td>Apothekenpflichtig</td><td>Verschreibungspflichtig</td></tr>
</table>

Wirtschaftlich bedeutsame Begriffe für Arzneimittelgruppen

» Während die Einteilung aufgrund der Abgabebedingungen gleichermaßen für industriell hergestellte Fertigarzneimittel und für in Apotheken hergestellte Rezepturen bedeutsam ist, sind diese weiteren Gliederungskriterien ausschließlich auf Fertigarzneimittel anzuwenden:
- » Originale und Generika,
- » Importarzneimittel (Re- und Parallelimporte),
- » „Me too"-Arzneimittel.

Originale und Generika

Eine wichtige Gliederungsmöglichkeit für Arzneimittel orientiert sich am patentrechtlichen Status. So werden Arzneimittel mit patentgeschützten Wirkstoffen als Originale bezeichnet. Diese Bezeichnung wird auch nach Ablauf des **Patentschutzes** für die zuvor patentgeschützten Produkte des ehemaligen Patentinhabers verwendet. Der Patentschutz für Arzneimittelwirkstoffe erlaubt dem Herstellerunternehmen, das über das Patent verfügt, für die Laufzeit des Patents diesen Wirkstoff ohne Wettbewerber anzubieten. Daher kann ein hoher Preis verlangt werden. Die so erzielbaren hohen Umsätze sollen nicht nur die Herstellungs- und Vertriebskosten, sondern auch die zuvor angefallenen Entwicklungskosten decken und darüber hinaus einen Gewinn einbringen, der die risikoreiche Neuentwicklung eines Arzneistoffes honoriert. Viele Arzneimittelentwicklungen müssen erfolglos eingestellt werden, sodass die erfolgreichen Wirkstoffe auch diese Fehlinvestitionen ausgleichen müssen.

Nach dem Ablauf des Patentschutzes kann der Wirkstoff auch von anderen Herstellern angeboten werden. Solche Produkte werden als Generika bezeichnet. Daneben bleibt üblicherweise das Originalprodukt unter dem bekannten Namen im Handel, wegen des Wettbewerbs mit den wirkstoffgleichen Generika muss aber auch der Originalanbieter den Preis senken, wenn das Produkt noch erfolgreich verkauft werden soll. Die Generikahersteller können das Produkt billiger anbieten, weil sie keine Entwicklungskosten tragen müssen.

Im internationalen Sprachgebrauch wurden mit dem Begriff Generika ursprünglich Produkte bezeichnet, bei denen der Hersteller nahezu vollständig in den Hintergrund trat und allein der Name des Wirkstoffes als Bezeichnung diente. Produkte verschiedener Hersteller könnten demnach beliebig ausgetauscht werden. Solche Generika sind in einigen anderen Ländern verbreitet, kommen aber in deutschen Apotheken nicht vor. In Deutschland werden so genannte **Markengenerika** eingesetzt, was auf den ersten Blick widersprüchlich scheint, sich aber auch international zunehmend durchsetzt. Dabei werden die Produkte unter dem Namen des Wirkstoffes in Verbindung mit dem Namen des Herstellers angeboten, der selbst das Image einer Marke hat (zum Begriff der Marke und zum Markenimage siehe Kap. 5.5). Das Markenimage wird hier nicht durch ein patentgeschütztes Produkt, sondern durch das Herstellerunternehmen vermittelt. Dadurch erscheinen solche Generika auch unter wirtschaftlichen Gesichtspunkten nicht als beliebig austauschbar, denn jedes einzelne Produkt verkörpert eine Marke.

Der Austausch (die **Substitution**) oder die Auswahl von Generika sind nur zulässig, wenn der verordnende Arzt dies nicht ausdrücklich ausgeschlossen hat. Wenn der Arzt dem Austausch nicht widerspricht, kann die Apotheke allerdings aufgrund sozialrechtlicher Vorschriften sogar zum Austausch verpflichtet sein. Seit 2007 gilt dies insbesondere, wenn die Krankenkasse des Patienten über den verordneten Wirkstoff einen **Rabattvertrag** (siehe Kap. 5.1 und 8.2) mit einem oder mehreren Herstellerunternehmen abgeschlossen hat. Diese Regelungen unterliegen allerdings immer wieder neuen Änderungen und können daher in einer grundsätzlichen betriebswirtschaftlichen Betrachtung nicht vertieft werden. Auch die vielschichtige Diskussion der pharmazeutischen Gesichtspunkte zum Austausch von Generika soll hier unterbleiben.

Importarzneimittel

Bei den patentgeschützten Originalen sind Produkte für den inländischen – hier also deutschen – Markt von Importarzneimitteln zu unterscheiden. Beide werden von den gleichen international tätigen Patentinhabern hergestellt, sind aber ursprünglich für die Anwendung in unterschiedlichen Ländern bestimmt. Im Ausland können solche Arzneimittel aufgekauft und dann nach Deutschland eingeführt werden. Von den Importeuren werden sie in deutscher Sprache gekennzeichnet und als Importarzneimittel in Deutschland in den Handel gebracht. Da die Preise in vielen Ländern auch für solche patentgeschützten Arzneimittel durch staatliche Vorschriften geregelt sind oder die Hersteller die Arzneimittel in Ländern mit geringerer Kaufkraft freiwillig preisgünstiger anbieten, können solche Importarzneimittel billiger sein als die für den deutschen Markt hergestellte Ware. Allerdings werden inzwischen auch einige Originalarzneimittel in Deutschland aufgekauft und in anderen Ländern als nach dortigen Maßstäben preisgünstige Importe angeboten, beispielsweise in Großbritannien. Die ausländische Herkunft der Importarzneimittel wird an der Kennzeichnung, insbesondere der Sprache, deutlich. Darüber hinaus können sich die Produkte für verschiedene Länder pharmazeutisch unterscheiden, beispielsweise hinsichtlich der Hilfsstoffe und möglicher Bruchkerben zum Teilen von Tabletten.

Bei diesen Importarzneimitteln werden gelegentlich **Re- und Parallelimporte** unterschieden. Reimporte (lat. *re-* = zurück-) werden in Deutschland für den Verkauf im Ausland hergestellt und von dort durch Importeure wieder zurück nach Deutschland gebracht. Im Unterschied dazu werden Parallelimporte im Ausland hergestellt. Voraussetzung für alle diese Importe ist eine arzneimittelrechtliche Zulassung des Originalprodukts in Deutschland, auf die sich die vereinfachte Zulassung des Importarzneimittels bezieht. Daher müssen diese Importe streng von Einzelimporten unterschieden werden. Solche Einzelimporte können von Apotheken nur jeweils für einen einzelnen Patienten veranlasst werden, der ein nicht in Deutschland zugelassenes Produkt benötigt. Diese **Einzelimporte** sind für die Apotheken insgesamt wirtschaftlich unbedeutend und sollen hier nicht weiter betrachtet werden.

Die Anwendung von Generika und Importen wird seit vielen Jahren durch die Politik und von der GKV gefördert, weil dies als wirksame Sparmaßnahme betrachtet wird. Dabei dürfen aber mögliche Nachteile nicht übersehen werden. So können die Kosten für die Umsetzung der Sparmaßnahmen in Apotheken in manchen Fällen größer sein als die Einsparungen bei den Krankenkassen, was beispielsweise bei Rabattverträgen zu befürchten ist. Außerdem enthalten Generika Arzneistoffe, die nicht mehr patentgeschützt sind. Sie sind daher lange bekannt und meist auch bewährt, aber der zunehmende Einsatz solcher Produkte bedeutet an dieser Stelle auch den Verzicht auf modernere Arzneimittel und therapeutischen Fortschritt. Dies trifft auf Importarzneimittel nicht zu, allerdings kann deren fremdsprachige Beschriftung möglicherweise einige Patienten irritieren und so ihr Vertrauen in das Arzneimittel schmälern. Um solche Schwierigkeiten zu verhindern, ist die intensive Beratung durch das Apothekenpersonal erforderlich.

„Me too"-Arzneimittel

Da die Einsparmöglichkeiten durch Generika und Importe weitgehend ausgeschöpft sind, richtet sich die gesundheitspolitische Diskussion immer mehr auf sogenannte Analogarzneimittel oder „Me too"-Produkte (engl. *me too* = ich auch; bezeichnet im Marketing das Nachahmen von Produkten oder Vorgehensweisen). Mit diesen nicht sehr treffenden, aber dennoch verbreiteten Bezeichnungen sind Arzneimittel mit neuen Wirkstoffen gemeint, die sich nur geringfügig von bereits länger bekannten Wirkstoffen der gleichen Substanzklasse unterscheiden. Die Kritiker solcher Neuentwicklungen unterstellen vielfach, dass die Hersteller diese neuen Produkte hauptsächlich entwickeln, um erneut den Patentschutz in Anspruch nehmen und die Produkte teuer anbieten zu können, obwohl sie gegenüber bereits bekannten Arzneimitteln keinen oder nur geringen zusätzlichen Nutzen bieten. Doch ergibt sich der zusätzliche Nutzen neuer Arzneimittel einer bekannten Substanzklasse oft erst langfristig bei der Anwendung an vielen Patienten. Welcher Vertreter einer Substanzklasse sich dauerhaft als bester Wirkstoff durchsetzt, ist daher bei der Markteinführung noch nicht absehbar. Außerdem kann auch zusätzlicher Nutzen, der nur einzelne Patienten betrifft, beispielsweise durch seltenere Nebenwirkungen, bedeutsam sein.

Ein pauschales Urteil über alle neuen Arzneimittel bekannter Substanzklassen ist daher sowohl pharmazeutisch als auch wirtschaftlich unhaltbar, stattdessen muss jedes einzelne Arzneimittel betrachtet werden. Solche sorgfältigen Vergleiche der Vor- und Nachteile neuer Arzneimittel gegenüber bereits bekannten Vorgängerpräparaten und deren wirtschaftliche Bewertung sind ein Hauptarbeitsgebiet der Pharmakoökonomie (siehe Kap. 8.3).

3.2 Apothekenübliche Waren

Gemäß § 25 Apothekenbetriebsordnung dürfen Apotheken neben Arzneimitteln sogenannte apothekenübliche Waren anbieten. Der Inhalt dieses Begriffes wurde im Laufe von Jahrzehnten immer wieder erweitert. Inzwischen umfasst der Begriff nahezu alle Produkte, die in einem Zusammenhang mit der Gesundheit stehen. Besonders gebräuchliche apothekenübliche Waren sind

- Körperpflegemittel und Kosmetika,
- Verbandmittel,
- Hilfsmittel zur Krankenpflege,
- Nahrungsergänzungsmittel,
- diätetische Lebensmittel,
- Medizinprodukte und
- Bücher zu gesundheitsbezogenen Themen.

Die Unterscheidung zwischen diesen Begriffen ist Gegenstand verschiedener Gesetze und Verordnungen, die die Eigenschaften solcher Produkte regeln. Dies ist aber keine betriebswirtschaftliche Fragestellung, die hier zu vertiefen wäre. Aus betriebswirtschaftlicher Sicht ist vielmehr entscheidend, dass die meisten dieser Produkte nicht apothekenpflichtig sind.

Von der Apothekenpflicht aufgrund des Arzneimittelgesetzes ist die sogenannte **Apothekenexklusivität** mancher Produkte zu unterscheiden. Als apothekenexklusiv werden solche Produkte bezeichnet, die der Hersteller aufgrund einer freiwilligen vertraglichen Zusage nur an Apotheken oder den pharmazeutischen Großhandel liefert. Dies betrifft insbesondere einige Kosmetika. Damit wollen die Hersteller erreichen, dass solche Produkte von den potentiellen Käufern als besonders hochwertig und gesundheitsbezogen wahrgenommen werden. Außerdem soll die kompetente Beratung beim Verkauf der Produkte sichergestellt werden.

Mit Produkten, die weder apothekenpflichtig noch apothekenexklusiv sind, stehen die Apotheken im Wettbewerb zu vielen anderen Anbietern. Neben Fachgeschäften wie Sanitätshäusern können dies auch Drogeriemärkte und Supermärkte sein, deren Kostenstrukturen sich grundsätzlich von denen der

Apotheken unterscheiden. Dies hat erhebliche Konsequenzen für die Preisbildung bei solchen Produkten (siehe Kap. 5.5). Trotz der daraus folgenden Probleme können solche Angebote sinnvoll sein, um den Kunden eine möglichst umfassende Palette gesundheitsbezogener Produkte anzubieten und damit ihre Gesundheitsbedürfnisse umfassend zu erfüllen (siehe Kap. 7.5).

Abb. 3.1: Mit einer ansprechenden Präsentation in der Freiwahl kann die Aufmerksamkeit der Kunden auf das Angebot an apothekenüblichen Waren gelenkt werden, die nicht der Apothekenpflicht unterliegen. Quelle: DAZ/Sket

Frei- und Sichtwahl

» Apothekenübliche Waren dürfen in Apotheken in der Freiwahl angeboten werden, so wie dies auch in anderen Einzelhandelsunternehmen verbreitet ist. In der Freiwahl können die Kunden die Produkte nicht nur ansehen, sondern auch selbst aus dem Regal nehmen und für die Bezahlung zur Kasse bringen (siehe Abb. 3.1). Dies ist die typische Vorgehensweise der Selbstbedienung. Für apothekenpflichtige Arzneimittel ist die Selbstbedienung in Apotheken nicht zulässig. Daher dürfen apothekenpflichtige Arzneimittel nur in der Sichtwahl präsentiert werden. Sie können dort aus der Entfernung von den Kunden gesehen werden, die Kunden können sie aber nicht greifen. Um dies sicherzustellen, befindet sich die Sichtwahl hinter den Handverkaufstischen. Doch auch die Präsentation dieser Produkte ohne Zugriffsmöglichkeit hat für das Marketing große Bedeutung (siehe Kap. 7.3). Verschreibungspflichtige Arzneimittel dürfen weder in der Sichtwahl noch in der Freiwahl ausgestellt werden.

3.3 Dienstleistungen

Außer Waren bieten Apotheken auch Dienstleistungen an, also Leistungen, die nicht körperlich als Ware fassbar sind. Diese lassen sich in wirtschaftlicher Hinsicht grob in vier Gruppen unterscheiden:

- Dienstleistungen, die als unentgeltliche Zusatzleistungen erbracht werden, um den Verkauf von Arzneimitteln oder anderen Waren zu unterstützen. Ein typisches Beispiel ist der Botendienst.
- Dienstleistungen, die für den Gesundheitsschutz erbracht werden. Für sie wird meist eine nicht kostendeckende Schutzgebühr erhoben. Ein typisches Beispiel ist die Blutdruckmessung.
- Dienstleistungen, die gegen ein geringes, höchstens kostendeckendes Entgelt erbracht werden, um die Bindung der Kunden an die Apotheke zu verstärken. Ein typisches Beispiel ist die Vermietung von Milchpumpen oder Babywaagen. (Hier steht der Dienstleistungsaspekt im Vordergrund, weil die Geräte nicht verkauft, sondern vermietet werden. Das verkaufte Milchpumpenzubehör ist jedoch eine Ware.)
- Dienstleistungen, mit denen ein Gewinn erwirtschaftet werden soll. Beispiele sind seltene Umweltanalysen oder Wellness-Angebote.
- Die Preisbildung für Dienstleistungen wird in Kapitel 5.7 vertieft.

Die Preiskalkulation und die Bedeutung der Dienstleistungen für das Apothekenmarketing werden später vertieft (siehe Kap. 5.7).

3.4 Eigenherstellung in Apotheken

Im pharmazeutischen Sprachgebrauch wird manchmal auch die Rezeptur oder Defektur als Dienstleistung der Apotheken bezeichnet, dies ist aber betriebswirtschaftlich keine treffende Beschreibung. Denn die **Rezeptur** ist eine besondere Form der Herstellung, eben keine industrielle Massenfertigung, sondern eine Einzelherstellung. Die **Defektur** ist eine Herstellung in kleinen Serien, es werden also wenige gleichartige Einheiten eines Produktes gleichzeitig hergestellt. Im Unterschied zur Dienstleistung (siehe Kap. 3.3) entsteht dabei eine Ware, nämlich das hergestellte Arzneimittel. Die wirtschaftlichen Folgen für die Apotheke sind allerdings bei den meisten Rezepturen ähnlich wie bei manchen Dienstleistungen: Meist sind die Kosten höher als die Preise. So führen einzelne Rezepturen fast immer zu Verlusten. Kostendeckende Rezepturen sind jedoch möglich, wenn viele gleiche oder ähnliche Verordnungen zu bearbeiten sind. Defekturen können unter günstigen Voraussetzungen sogar mit Gewinn hergestellt und abgegeben werden, aber nur in seltenen Fällen können Apotheken mit der Eigenherstellung wirtschaftlich erfolgreicher als mit dem Verkauf von Fertigarzneimitteln sein. Diese wirtschaftlichen Nachteile der Rezeptur werden in Kauf genommen, weil den Patienten damit ein besonderer Nutzen geboten wird und die Apotheken eine gesamtgesellschaftliche Aufgabe erfüllen, zu der sie durch ihren Auftrag zur Sicherstellung der Arzneimittelversorgung verpflichtet sind. Die dadurch entstehenden wirtschaftlichen Nachteile sollten an anderer Stelle ausgeglichen werden. Die Verpflichtung der Apotheken zur Rezeptur ist einer der Gründe für die rechtliche Sonderstellung, die Apotheken in mancher Hinsicht genießen, insbesondere für die Preisbindung und den Fixaufschlag bei der Abgabe verschreibungspflichtiger Arzneimittel.

Das Wichtigste in Kürze

- » Nach ihrem patentrechtlichen Status werden Arzneimittel in Originale und Generika unterschieden.
- » Die in Deutschland üblichen Generika sind Markengenerika, die unter der Marke ihres Herstellers verkauft werden.
- » Tatsächliche oder vermeintliche „Me too"-Arzneimittel sollten nicht pauschal beurteilt werden. Um ihren Wert für die Therapie zu beziffern, ist eine sorgfältige pharmakoökonomische Bewertung erforderlich.
- » Apothekenübliche Waren haben eine beachtliche Bedeutung für die Apotheken erreicht, auf diesem Markt stehen die Apotheken aber im Wettbewerb mit vielen anderen Vertriebsformen.

Übungen

Frage 3.1: Was sind freiverkäufliche Arzneimittel?
a) nicht apothekenpflichtige Arzneimittel
b) OTC-Arzneimittel
c) Produkte des Randsortiments von Apotheken.

Frage 3.2: Welche Aussage über Importarzneimittel trifft zu?
a) Die meisten Importarzneimittel sind Generika.
b) Importarzneimittel können nicht patentgeschützt sein.
c) Die meisten Importarzneimittel sind patentgeschützt.

Frage 3.3: Welche Aussage über Generika trifft zu?
a) Die Apothekenverkaufspreise aller Generika sind frei kalkulierbar.
b) Generika sind nicht patentgeschützt.
c) Generika mit gleichem Wirkstoff dürfen in Apotheken beliebig gegeneinander ausgetauscht werden, sofern nicht die Regelungen eines Rabattvertrages dies untersagen.

Übungen (Fortsetzung)

Frage 3.4: Welche Arzneimittel werden in der gesundheitspolitischen Diskussion auch als „Me too-Arzneimittel" bezeichnet?

a) Generika und Importe
b) nicht patentgeschützte Arzneimittel
c) Arzneimittel mit neuen Wirkstoffen, die sich nur geringfügig von bereits länger bekannten Wirkstoffen der gleichen Substanzklasse unterscheiden.

Lösungen siehe Anhang 2.

4 Investition und Finanzierung

Damit eine Apotheke langfristig bestehen kann, muss sie wie jedes andere Unternehmen genügend Finanzmittel haben und wirtschaftlich erfolgreich sein. Doch wie wird ein Unternehmen finanziert, wie kann es erfolgreich arbeiten und wie kann wirtschaftlicher Erfolg überhaupt aussagekräftig gemessen werden? In diesem Kapitel werden sowohl die Grundlagen der Finanzierung als auch die Grundregeln zur Bewertung wirtschaftlicher Tätigkeiten vorgestellt.

4.1 Grundlagen

Um eine Apotheke betreiben zu können, muss der Apothekenleiter über die nötigen Räume, die Einrichtung, die Apothekenausstattung und ein Warenlager verfügen. Räume können gemietet werden, wozu ein Mietvertrag erforderlich ist. Auch für manche hochwertige Ausrüstungsgegenstände sind mietähnliche Vertragsverhältnisse möglich. Dazu gehört das besonders bei Autos sehr verbreitete Leasing (siehe Kap. 4.2). Die meisten Ausrüstungsgegenstände und Möbel für eine Apotheke muss ein Apothekenleiter aber selbst erwerben. Der Erwerb solcher langlebigen Güter für einen Geschäftsbetrieb wird als **Investition** bezeichnet. Auch der Erwerb eines ganzen Unternehmens, beispielsweise einer Apotheke, ist eine Investition. Die Bereitstellung der dafür erforderlichen Finanzmittel ist die **Finanzierung**. Investition und Finanzierung gehören zusammen wie die sprichwörtlichen zwei Seiten einer Medaille: Investitionen sind ohne Finanzierung unmöglich, die Finanzierung erfolgt mit dem Ziel der Investition. Die Investitionen sollen letztlich zu Erträgen führen, die die Finanzierung honorieren und rechtfertigen. Ohne diese Erträge gäbe es keinen Anreiz für die Finanzierung. So können Investition und Finanzierung als Grundlage jeder wirtschaftlichen Tätigkeit interpretiert werden.

Amortisation

» Als Amortisation wird der Rückfluss von Erträgen aus einer Investition bezeichnet, der die ursprünglich für die Investition aufgebrachten Mittel ausgleicht. Eher selten wird der Begriff auch für die Rückzahlung (Tilgung) einer Schuld verwendet. Die Amortisationsdauer ist die Zeit, nach der die ursprünglich aufgebrachten Mittel wieder zurückgeflossen sind.

Investition und Finanzierung sind eng mit der Frage nach dem Erfolg eines Unternehmens verbunden. Vor der weiteren Beschäftigung mit der Investition und der Finanzierung soll daher dargestellt werden, wie der **Erfolg** eines Unternehmens gemessen werden kann. Auf den ersten Blick erscheint ein Unternehmen dann als erfolgreich, wenn die Einnahmen größer als die Ausgaben sind. Diese Betrachtung reicht aber meist nicht aus, weil beispielsweise die Wareneinkäufe und die mit dem Apothekenbetrieb verbundenen Kosten oft zu anderen Zeiten gezahlt werden müssen, als das Geld aus dem Warenverkauf erlöst wird. Außerdem sagen Momentaufnahmen nichts über den langfristigen Erfolg aus. Um die wirtschaftliche Leistungsfähigkeit eines Unternehmens zu messen, werden in der Betriebswirtschaftslehre insbesondere zwei Konzepte verwendet: die Liquidität und die Rentabilität.

Liquidität

Die Liquidität (lat. *liquidus* = flüssig) ist die Fähigkeit eines Unternehmens, seinen Zahlungsverpflichtungen zur geforderten Zeit in der geforderten Höhe nachzukommen. Einfacher ausgedrückt: Es muss jederzeit genug Geld vorhanden sein, um alle Rechnungen und sonstigen geforderten Zahlungen – beispielsweise für die Gehälter der Mitarbeiter – zum Zeitpunkt ihrer Fälligkeit bezahlen zu können. In der Wirtschaftssprache heißt das: Das Unternehmen beziehungsweise der Unternehmer muss seine **Verbindlichkeiten** erfüllen können. Dies sind alle Zahlungsverpflichtungen des Unternehmens (siehe Kap. 2.3), also alle fälligen Zahlungen insbesondere gegenüber Mitarbeitern, Lieferanten von Waren aller Art, Vermietern, Dienstleistern, Kreditgebern und anderen Gläubigern. Diese Verbindlichkeiten werden für nähere Betrachtungen nach ihrer Fristigkeit unterschieden, also danach, wann die Zahlungen geleistet werden müssen (siehe Kap. 4.3 und 4.4).

Das Geld zur Erfüllung der Verbindlichkeiten sollte aus den Einnahmen des Apothekenbetriebs stammen. Die Liquidität wäre aber auch bei einer unzureichenden Einnahmesituation der Apotheke gewährleistet, wenn der Apothekenleiter beispielsweise nach dem Verkauf eines Gebäudes über viel Geld verfügt oder einen großzügigen Bankkredit erhalten hat. Mit dem Erfolg der Apotheke hätte dies jedoch nichts zu tun. Andererseits könnte ein Apothekenleiter, der gerade einen teuren Umbau bezahlen musste, einen Liquiditätsengpass haben, obwohl der Apothekenbetrieb sehr erfolgreich ist. So ist die Liquidität eine unverzichtbare Voraussetzung dafür, dass die Apotheke ihren Betrieb aufrechterhalten kann. Eine wirtschaftlich erfolgreiche Apotheke wird langfristig eine gute Liquidität aufweisen, aber die Liquidität ist allenfalls ein indirekter Maßstab für den Erfolg.

Forderung und Verbindlichkeit

» Forderung und Verbindlichkeit sind gegensätzliche Begriffe. Eine Verbindlichkeit, also eine Zahlungsverpflichtung eines Schuldners stellt bei seinem Gläubiger eine Forderung gegen diesen Schuldner dar. So steht jeder Forderung eine gleich hohe Verbindlichkeit bei einem Geschäfts- oder Vertragspartner gegenüber und umgekehrt.

Rentabilität

Viel aussagekräftiger für den wirtschaftlichen Erfolg ist die Rentabilität: Rentabilität ist das Verhältnis einer Erfolgsgröße zum eingesetzten Kapital eines Unternehmens. Je nachdem, welche Erfolgsgröße und welcher Teil des eingesetzten Kapitals betrachtet wird, gibt es viele Varianten der Rentabilität. Hier soll nur die Rentabilität des betrachteten Betriebes, also der Apotheke, interessieren. Es gilt:

$$\text{Rentabilität des Betriebes (in \%)} = \frac{\text{Gewinn} \cdot 100\%}{\text{Betriebsnotwendiges Kapital}}$$

Das **betriebsnotwendige Kapital** umfasst – wie der Name sagt – alle Geldmittel, die in der Apotheke gebunden und für ihren Betrieb erforderlich sind. Dazu gehören das eingesetzte Eigenkapital des Apothekenleiters und das Fremdkapital, also das Geld, das er für die Apotheke als Kredit aufgenommen hat (zu Eigen- und Fremdkapital siehe Kap. 4.2). Das Eigenkapital des Apothekenleiters, das nicht für die Apotheke verwendet wird, beispielsweise sein privates Eigenheim, gehört dagegen nicht zum betriebsnotwendigen Kapital im Sinne der Rentabilitätsbetrachtung. Gleichwohl würde er damit als Einzelkaufmann für die Verbindlichkeiten der Apotheke haften müssen.

Auf jeden Fall sollte die Rentabilität positiv sein, also ein Gewinn erzielt werden. Nur dann ist der Betrieb der Apotheke überhaupt wirtschaftlich sinnvoll. Doch bei der Rentabilität geht es um mehr: Der erzielte Gewinn sollte in einem angemessenen Verhältnis zum eingesetzten Kapital stehen. Was angemessen ist, wird anhand des Risikos beantwortet, dem das Kapital ausgesetzt ist. Dabei gilt die gleiche Logik wie bei der Geldanlage: Für ein sicheres Sparbuch gibt es nur sehr niedrige Zinsen, dagegen locken Aktien mit hohen Gewinnen, aber das Geld kann dabei im schlimmsten Fall ganz verloren gehen. Daher sollte das Geld, das ein Apotheker in seine Apotheke investiert, auf jeden Fall mehr einbringen als eine sichere langfristige Geldanlage wie Bundesanleihen, denn die wirtschaftliche Entwicklung der Apotheke ist angesichts immer neuer Gesundheitsreformen und der stets möglichen zusätzlichen Konkurrenz durch neue Apotheken in der Nachbarschaft nur unsicher vorherzusehen.

Letztlich ist die Betrachtung der Rentabilität als Ziel für die unternehmerische Tätigkeit ein Ausdruck des allgemein gültigen ökonomischen Prinzips. Die Bedeutung dieses grundsätzlichen Gedankens geht weit über das Thema Investition und Finanzierung hinaus und ist auch auf alle anderen wirtschaftlichen Fragestellungen anzuwenden.

Das ökonomische Prinzip

» Das ökonomische Prinzip ist eine in der Wirtschaftswissenschaft vielfach erhobene Forderung. Sie besagt, dass eine Vorgehensweise bei feststehendem Mitteleinsatz das bestmögliche Ergebnis erzielen soll (dies wird auch Maximalprinzip genannt) oder ein zuvor festgelegtes Ergebnis mit dem geringsten möglichen Mitteleinsatz erreicht werden soll (dies wird auch Minimalprinzip genannt). Damit ist also nicht der umgangssprachlich oft geforderte „größte Erfolg mit den geringsten Mitteln" gemeint, weil die Erfüllung dieser Forderung nicht überprüfbar wäre.

Abgrenzung der Begriffe

Für die wirtschaftliche Tätigkeit eines Unternehmens beziehungsweise einer Apotheke ergeben sich folgende Unterschiede zwischen Liquidität und Rentabilität: Liquidität ist eine Voraussetzung, damit eine Apotheke überhaupt arbeiten kann. Ob diese Arbeit wirtschaftlich sinnvoll und erfolgreich ist, ist dagegen eine Frage der Rentabilität. Ein rentabel arbeitendes Unternehmen hat auch bei kurzfristigen Liquiditätsproblemen gute Aussichten, von Banken die nötigen Finanzmittel zu erhalten. Umgekehrt können gute persönliche finanzielle Reserven eines Apothekers verschleiern, dass seine Apotheke unrentabel ist. Rentabilität ist das Verhältnis einer Erfolgsgröße zum eingesetzten Kapital. Ob ein Unternehmen liquide ist, richtet sich dagegen nach den verfügbaren finanziellen Mitteln im Verhältnis zu den bestehenden Verbindlichkeiten.

Konkurs und Liquidation

Wenn ein Unternehmen nicht mehr liquide ist, also seinen Zahlungsverpflichtungen gegenüber den Gläubigern nicht nachkommen kann, wird dies als Zahlungsunfähigkeit oder **Insolvenz** (lat. *solvere* = lösen; hier im Sinne von: eine Schuld ablösen) bezeichnet. Das so genannte Insolvenzrecht sieht einige Möglichkeiten vor, die Zahlungsunfähigkeit zu überwinden, was hier aber nicht ausgeführt werden soll. Wenn dies scheitert, muss das Unternehmen **Konkurs** (lat. *concurrere* = zusammentreffen; hier gemeint als das Zusammentreffen der Gläubiger) anmelden, womit das Konkursverfahren eröffnet wird. Dies ist ein besonderes gerichtliches Verfahren, bei dem das gesamte dem

Schuldner gehörende Vermögen verwertet wird, um die Ansprüche der Gläubiger zumindest teilweise befriedigen zu können. Bei Kapitalgesellschaften betrifft dies nur das Vermögen der Gesellschaft, Apotheker haften dagegen als Einzelkaufleute mit ihrem gesamten persönlichen Vermögen für die Verbindlichkeiten ihrer Apotheke (siehe Kap. 2.3). Dies macht das große wirtschaftliche Risiko deutlich, das Apotheker mit dem Betrieb einer Apotheke eingehen.

Im **Konkursverfahren** werden die Geschäfte des Unternehmens abgewickelt, also zu einem Ende geführt. Dies wird als **Liquidation** (lat. *liquidus* = flüssig; hier als „flüssig machen" des Unternehmens gemeint) bezeichnet. Zu einer Liquidation kann es aber auch ohne Zahlungsunfähigkeit kommen, wenn ein Unternehmen seine Tätigkeit freiwillig einstellt, beispielsweise wenn ein Apotheker seine Apotheke schließt. Dann werden alle Verbindlichkeiten bezahlt und alle Verträge erfüllt. Unternehmen, die sich in der Liquidation befinden, führen in ihrer Bezeichnung hinter der Firma und dem Rechtsformzusatz die Abkürzung „i. L." (in Liquidation).

4.2 Finanzierungsformen

Das zur Finanzierung eines Unternehmens beziehungsweise der nötigen Investitionen eingesetzte Kapital kann grob in Eigen- und Fremdkapital gegliedert werden.

Eigenkapital

Bei der Gründung des Unternehmens wird das Eigenkapital vom Einzelkaufmann beziehungsweise von den Gesellschaftern zur Verfügung gestellt. Im laufenden Geschäftsbetrieb wird es durch Gewinne erhöht und durch Verluste vermindert. Außerdem kann es durch Einlagen oder Entnahmen des Eigentümers oder der Gesellschafter erhöht beziehungsweise vermindert werden. Bei Gesellschaften müssen aber die Regelungen des Gesellschaftsvertrags und die Vorschriften über die Mindesthöhe des Eigenkapitals von Kapitalgesellschaften beachtet werden (siehe Kap. 2.3).

Fremdkapital

Besonders bei der Gründung eines Unternehmens reicht das Eigenkapital meist nicht für die nötigen Investitionen aus. Daher benötigen die meisten

Unternehmen Fremdkapital. Dies wird von anderen Personen oder Unternehmen, meist von Kreditinstituten, zur Verfügung gestellt. Dann zahlt das Unternehmen, das das Fremdkapital erhält, zusätzlich zur späteren Rückzahlung regelmäßig Zinsen für das bereitgestellte Kapital.

Kreditinstitute

» Der Begriff Kreditinstitute umfasst alle Unternehmen, die Bankgeschäfte betreiben. Bankgeschäfte sind beispielsweise die Annahme von Kundengeldern als Einlage, die Gewährung von Krediten, der Ankauf von Schecks und die Verwaltung von Wertpapieren. Zu den Kreditinstituten zählen insbesondere die üblicherweise im privaten Eigentum befindlichen Banken und die öffentlich-rechtlichen Sparkassen.

Das wichtigste Unterscheidungsmerkmal für verschiedene Formen des Fremdkapitals ist die Fristigkeit, also die Zeit bis zum Fälligkeitstermin, an dem das Fremdkapital an den Gläubiger zurückgezahlt werden muss. Die Rückzahlungsverpflichtungen werden als Verbindlichkeiten bezeichnet. Das Fremdkapital wird in kurz-, mittel- und langfristige Verbindlichkeiten unterschieden. Kurzfristig sind Zeiträume bis zu einem Jahr, mittelfristig von einem Jahr bis zu vier Jahren und langfristig ab vier Jahren.

Kreditgeber und Kreditnehmer

» Der Kreditgeber eines Kredites, üblicherweise ein Kreditinstitut, wird auch als Gläubiger bezeichnet. Der Kreditnehmer des Kredites heißt Schuldner.

Zur Finanzierung des Kaufpreises für eine Apotheke, von großen Umbauten, langfristig nutzbaren Ausrüstungsgegenständen oder Möbeln werden üblicherweise langfristige **Kredite** von Kreditinstituten in Anspruch genommen. Die **Zinsen** für solche Kredite werden in Prozent vom Kreditbetrag festgesetzt. Die Höhe der Zinsen richtet sich nach der Situation am Kapitalmarkt, nach der **Bonität** des Schuldners und den Sicherheiten, die für den Kredit geboten werden können. Die Bonität (lat. *bonus* = gut) ist die erwartete Fähigkeit eines Schuldners, seinen künftigen Zahlungsverpflichtungen nachzukommen. Sie ergibt sich aus dem vorhandenen Vermögen und der Rentabilität seiner unternehmerischen Tätigkeit. Wie alle Einschätzungen über die Zukunft können sich solche Erwartungen als falsch erweisen. Daher fordern Kreditinstitute häufig **Sicherheiten** für Kredite. Sie erhalten damit bevorzugte Zugriffsrechte auf Wertgegenstände des Schuldners für den Fall, dass dieser den Kredit nicht zurückzahlen kann. Je weniger Sicherheiten ein Schuldner bieten kann und je schlechter seine Bonität ist, umso höhere Zinsen muss er zahlen. Die Zinsen sind damit teilweise ein Entgelt für die zeitweilige Überlassung eines Geldbetrages und teilweise ein Ausgleich für das Risiko des Kreditinstituts, das Geld möglicherweise nicht vollständig zurückzuerhalten, das so genannte Kreditausfallrisiko.

Bei langfristigen Krediten werden die Zinsen meist in jährlichen oder häufigeren kleinen Raten gezahlt. Üblicherweise wird jährlich oder in kürzeren Abständen ein Teilbetrag zurückgezahlt, sodass sich der Kreditbetrag vermindert. Die Rückzahlung eines Kredites heißt **Tilgung**. Für langfristige Kredite verlangen die Kreditinstitute oft etwas geringere jährliche Zinsen als für kurzfristige Kredite. Denn auch wenn sich die Marktsituation ändert und die Marktzinsen sinken oder die Schuldner aufgrund guter Geschäfte bald über viel Geld verfügen, können sie langfristig festgelegte Kredite nicht vorzeitig in voller Höhe tilgen. Daher haben die Kreditinstitute vielfach ein Interesse am Abschluss möglichst langfristiger Kreditverträge, wofür sie zu gewissen Zugeständnissen bei der Höhe des Zinses bereit sind.

Kontokorrentkredite

Kurzfristige Kredite sind flexibler, bergen aber das Risiko, später eventuell höhere Zinsen für einen neuen Kredit zahlen zu müssen. Viele Apotheken nutzen die im Geschäftsleben sehr verbreiteten und besonders flexiblen Kontokorrentkredite. Diese Kredite werden nur in Anspruch genommen, wenn das Girokonto kein Guthaben mehr aufweist, sodass der Kreditbetrag täglich schwanken kann. Festgelegt wird nur ein Höchstbetrag. Die Zinssätze für Kontokorrentkredite sind meist viel höher als bei Krediten mit festen Beträgen, aber sie werden tagesgenau berechnet, beziehen sich nur auf den jeweils in Anspruch genommenen Betrag und sind damit günstiger als langfristige zu hohe Kredite. Kontokorrentkredite sind ideal, um beispielsweise einige Tage zwischen der Bezahlung von Miete und Gehältern und einem größeren Zahlungseingang zu überbrücken. Gerade für Apotheken kann dies sehr bedeutsam sein, weil der Termin, an dem die Apothekenverrechnungsstelle die Zahlungen für abgerechnete Rezepte überweist, vorher bekannt ist.

Zinsberechnung

Für alle Kredite, ob sie nun für einen Tag oder für viele Jahre in Anspruch genommen werden, werden die Zinsen als so genannter **effektiver Jahreszins** in Prozent angegeben, also als Zinssatz, der sich umgerechnet für ein ganzes Jahr ergeben würde. Mit „effektiv" ist dabei gemeint, dass sich der Zinssatz auf den tatsächlich in Anspruch genommenen Kreditbetrag bezieht. Wenn das

Kreditinstitut zusätzlich zum Kreditbetrag ein Aufgeld, ein sogenanntes **Agio**, erhebt und dies anschließend als Gebühr für die Bearbeitung des Kredits einbehält, erhöht sich formal der Kreditbetrag, ohne dass der Schuldner mehr ausgezahlt bekommt. Der effektive Jahreszins bezieht sich dann aber auf den tatsächlich ausgezahlten (effektiven) Betrag. Die Kreditinstitute sind verpflichtet, bei Kreditangeboten die Effektivverzinsung anzugeben, damit die Kunden die Angebote einfach vergleichen können. Es gilt folgende Beziehung für Kredite mit Laufzeiten von einem oder mehreren Jahren (in den Formeln steht eff. für effektiver):

$$\text{Zinsbetrag} = \frac{\text{eff. Kreditbetrag} \cdot \text{eff. Jahreszins (in \%)} \cdot \text{Anzahl der Jahre}}{100\%}$$

Der tatsächlich ausgezahlte (effektive) Kreditbetrag und der Zinsbetrag werden in Euro angegeben. Wenn sich der Kreditbetrag während der Laufzeit durch Tilgungen vermindert, müssen die Zinsen jeweils mit dem veränderten Kreditbetrag berechnet werden. Für Kontokorrentkredite und andere kurzfristige Kredite gilt entsprechend die folgende Beziehung:

$$\text{Zinsbetrag} = \frac{\text{eff. Kreditbetrag} \cdot \text{eff. Jahreszins (in \%)} \cdot \text{Anzahl der Tage}}{100\% \cdot 360\ \text{Tage}}$$

Entgegen dem „normalen" Kalender wird die Dauer eines Jahres bei banküblichen Berechnungen mit 360 Tagen veranschlagt.

Lieferantenkredite

Handelsunternehmen und damit auch Apotheken haben nicht nur Verbindlichkeiten gegenüber Kreditinstituten, sondern auch gegenüber ihren Lieferanten. Denn jede eingegangene Rechnung, die noch nicht bezahlt wurde, ist eine Verbindlichkeit. Wenn die Rechnung eines Lieferanten erst in einigen Wochen oder Monaten fällig ist, der Lieferant also erst dann die Zahlung erwartet, ist es sinnvoll mit der Zahlung bis dahin zu warten, um den so entstehenden finanziellen Spielraum in der Zwischenzeit zu nutzen. In dieser Zeit wird ein so genannter Lieferantenkredit in Anspruch genommen. Dies ergibt sich aus den Zahlungsbedingungen der Rechnung, ohne dass dabei ein Kreditvertrag förmlich geschlossen wird. Wenn der Lieferant dagegen anbietet, den Rechnungsbetrag als Gegenleistung für eine schnelle Bezahlung zu vermindern, ist dies oft sogar sinnvoll, wenn für diese Zeit ein Kontokorrentkredit in Anspruch genommen werden muss. Eine solche vom Lieferanten angebotene Verminderung des Rechnungsbetrags wird als **Skonto** bezeichnet (siehe Kap. 5.3).

Verbindlichkeiten gegenüber Lieferanten, die sich aus Warenlieferungen ergeben, sind typischerweise kurzfristig. Darüber hinaus bieten Lieferanten ihren Kunden in manchen Wirtschaftsbereichen auch günstige langfristige Kredite an, um sie an sich zu binden. Auch einige Apotheken erhalten solche Finanzierungen von pharmazeutischen Großhändlern, wobei sich die Frage stellt, wie unabhängig diese Apotheken dann noch bei der Wahl ihrer Lieferanten sind.

Leasing

» Das Leasing bietet für die Finanzierung eine Alternative zu den klassischen Möglichkeiten der Eigen- und Fremdfinanzierung. Relativ verbreitet ist das Leasing von Autos und hochwertigen technischen Anlagen wie Computern, aber auch das Leasing von Gebäuden ist möglich. Während der Leasingdauer bleibt das betreffende Anlagegut üblicherweise rechtlich im Eigentum des Leasinggebers, der es dem Leasingnehmer zur Nutzung überlässt und dafür Zahlungen erhält, die als Leasingraten bezeichnet werden. Außerdem ist zu Beginn der Leasingdauer üblicherweise eine einmalige Leasingsonderzahlung zu leisten. Meist ist der Leasinggeber für die einwandfreie Funktion des Gerätes verantwortlich und muss gegebenenfalls nötige Reparaturen bezahlen. Nach dem Ende der vereinbarten Laufzeit des Leasingvertrages kann der Leasingnehmer in vielen Fällen das betreffende Anlagegut für einen oft vorher vereinbarten Restwert kaufen. Leasingverträge sind oft schwer zu bewerten und zu vergleichen, weil sich die Leasingbedingungen in vielen Einzelheiten unterscheiden können. Für die wirtschaftliche Bewertung solcher Verträge als Finanzierungsmethode müsste ähnlich wie bei Krediten eine Effektivverzinsung berechnet werden. Im Unterschied zu Kreditinstituten bei der Kreditvergabe sind Leasinggeber aber nicht verpflichtet, solche Berechnungen vorzulegen.

Beispielrechnungen zur Finanzierung

Beispiel 4.1

Ein Apotheker nimmt zur Finanzierung eines Apothekenumbaus einen Kredit über 60.000 € mit einer Laufzeit von 3 Jahren auf. Der Zinssatz beträgt 6% pro Jahr. Nach jeweils einem Jahr werden 20.000 € getilgt. Wie hoch sind die zu zahlenden Zinsen?

Beispiel 4.2

Das Girokonto einer Apotheke weist ein Guthaben von 30.000 € auf. Auf einem Festgeldkonto werden 4% Zinsen bei einer Anlagedauer von 1 Jahr geboten. Bei kurzfristigem Liquiditätsbedarf muss dann ein Kontokorrentkredit mit 12% Zinsen in Anspruch genommen werden. Als Alternative kann das Geld zinslos auf dem Girokonto bleiben und wäre dann jederzeit als Liquiditätsreserve verfügbar. Wie viele Tage im Jahr darf ein Kontokorrentkredit von 30.000 € höchstens in Anspruch genommen werden, damit sich die Anlage als Festgeld lohnt? Andere Alternativen sollen nicht berücksichtigt werden.

Lösungen siehe Anhang 1.

4.3 Liquiditätskennzahlen

So wichtig die Liquidität für ein Unternehmen auch sein mag, so problematisch ist sie als Maßstab für die Bewertung der finanziellen Situation. Denn die Höhe der kurzfristigen Verbindlichkeiten kann innerhalb weniger Tage beträchtlich schwanken, je nach dem, wann Rechnungen von Lieferanten eingehen und fällig werden. Die Höhe solcher Verbindlichkeiten an einem beliebig ausgewählten Datum erlaubt daher keine Rückschlüsse auf die langfristige Zahlungsfähigkeit oder gar die wirtschaftliche Gesamtsituation eines Unternehmens. Dennoch werden die nachfolgend dargestellten Liquiditätskennzahlen viel beachtet. Weitere Kennzahlen für die Unternehmensführung werden in den Kapiteln 6.4 und 6.5 dargestellt. Dort wird auch die grundsätzliche Vorgehensweise im Umgang mit Unternehmenskennzahlen ausführlich beschrieben. Hier interessieren jedoch zunächst nur die Liquiditätskennzahlen. Liquiditätskennzahlen sind Verhältnisgrößen, die aus den Verbindlichkeiten und den vorhandenen finanziellen Mitteln berechnet werden. Dies ergibt die sogenannten **Liquiditätsgrade**, die jeweils in Prozent angegeben werden. Dabei gilt:

$$\text{Liquidität 1. Grades (in \%)} = \frac{\text{Geldwerte} \cdot 100\%}{\text{Kurzfristige Verbindlichkeiten}}$$

$$\text{Liquidität 2. Grades (in \%)} = \frac{(\text{Geldwerte} + \text{Kurzfristige Forderungen}) \cdot 100\%}{\text{Kurzfristige Verbindlichkeiten}}$$

$$\text{Liquidität 3. Grades (in \%)} = \frac{(\text{Geldwerte} + \text{Kurzfristige Forderungen} + \text{Warenbestände}) \cdot 100\%}{\text{Kurzfristige Verbindlichkeiten}}$$

Die Liquiditätsgrade geben damit eine Orientierung, wie viele Mittel zur Verfügung stehen, um die kurzfristigen Verbindlichkeiten zu erfüllen. Als Geldwerte zählen dabei das vorhandene Bargeld und die Guthaben des Unternehmens auf Girokonten, also Guthaben, über die jederzeit verfügt werden kann. Kurzfristige Forderungen sind Forderungen des Unternehmens gegenüber Kunden oder anderen Unternehmen, die kurzfristig fällig sind, sodass kurzfristig mit dem Zahlungseingang zu rechnen ist. Bei den Schuldnern werden diese kurzfristigen Forderungen wiederum als kurzfristige Verbindlichkeiten gegenüber anderen Unternehmen betrachtet. Mit den Warenbeständen ist der Wert des Warenlagers gemeint, soweit die Waren als kurzfristig verkäuflich einzuschätzen sind und damit kurzfristig zu Zahlungen an das Unternehmen führen könnten.

Die Liquidität ist umso besser, je höhere Prozentwerte sich bei den obigen Berechnungen ergeben. Ideal ist eine Liquidität ersten Grades von mindestens 100 Prozent, aber dies wird in der Praxis vielfach nicht erreicht. Zumindest die Liquidität zweiten Grades sollte 100 Prozent oder mehr betragen. Andernfalls besteht die Gefahr, dass die Gläubiger der kurzfristigen Verbindlichkeiten ihre Forderungen eintreiben wollen, aber nicht genügend Mittel dafür vorhanden sind. Wie auch aus den Definitionen der Liquiditätsgrade deutlich wird, beschreibt die Liquidität die Zahlungsfähigkeit des Unternehmens zu einem bestimmten Zeitpunkt, aber sie macht keine Aussage über die Rentabilität des Geschäfts.

Beispielrechnung zu den Liquiditätsgraden

Beispiel 4.3
Eine Apotheke hat die Rechnung eines Pharmagroßhändlers über 40.000 € erhalten, die in 10 Tagen zur Zahlung fällig ist. Darüber hinaus bestehen gegenüber Arzneimittelherstellern Verbindlichkeiten in Höhe von insgesamt 20.000 €, die innerhalb der nächsten 60 Tage fällig sind. Der Kassenbestand und das Guthaben auf dem Girokonto der Apotheke betragen zusammen 15.000 €. Gegenüber Krankenversicherungen bestehen Forderungen aus der Rezeptabrechnung in Höhe von 45.000 €. Weitere kurzfristige Forderungen oder Verbindlichkeiten bestehen zu diesem Zeitpunkt nicht. Der Wert des Warenlagers zu Einstandspreisen beträgt 90.000 €. Wie hoch ist zu diesem Zeitpunkt die Liquidität 1., 2. und 3. Grades?

Lösung siehe Anhang 1.

4.4 Bilanzierung und Gewinnermittlung

Wichtige Mittel zur umfassenden Beschreibung der wirtschaftlichen Situation eines Unternehmens sind die **Bilanz** (lat. *bis* = zweimal;, lat. *latus* = Seite; als Ausdruck für die zwei Seiten einer Bilanz) und die **Gewinn- und Verlust-Rechnung.** Sie bilden den Abschluss des Rechnungswesens eines Unternehmens. Im Rechnungswesen werden alle abrechnungsrelevanten Geschäftsvorgänge verbucht.

Rechnungswesen

Im Rechnungswesen werden mehrere Betrachtungsebenen unterschieden. Die Betrachtung beginnt mit den **Zahlungsmittelbeständen**, dazu gehören das Bargeld und die jederzeit fälligen Bankguthaben (Buchgeld). Veränderungen dieser Zahlungsmittelbestände heißen Einzahlungen und Auszahlungen. Die nächste Ebene ist das **Geldvermögen**. Dazu gehören neben den Zahlungsmittelbeständen auch die Forderungen als positive und die Verbindlichkeiten als negative Positionen. Veränderungen des Geldvermögens werden Einnahmen und Ausgaben genannt. Die dritte Ebene ist das **Sachvermögen**, das neben dem Geldvermögen auch Sachgüter berücksichtigt. Veränderungen des Sachvermögens heißen Ertrag und Aufwand. Da alle Betrachtungen jeweils auf einen bestimmten Abrechnungszeitraum bezogen werden, müssen Einzahlungen nicht immer zugleich Einnahmen und Erträge und Auszahlungen nicht immer zugleich Ausgaben und Aufwand sein. Denn die Veränderungen auf den drei genannten Ebenen können zu jeweils unterschiedlichen Zeitpunkten und damit in verschiedenen Abrechnungsperioden stattfinden. Dies soll hier aber nicht vertieft werden – es soll nur deutlich werden, dass zwischen den zum Teil gleichbedeutend erscheinenden Begriffen feine Unterschiede bestehen.

Hier soll auch nicht die Verbuchung der unterschiedlichsten Vorgänge im Rechnungswesen dargestellt werden. Die Vorgehensweise im Rechnungswesen unterscheidet sich für Apotheken nicht von anderen Handelsunternehmen vergleichbarer Größe und wird in zahlreichen Lehrbüchern beschrieben. Diese Arbeit wird für die meisten Apotheken von Steuerberatern erledigt. In der Apotheke müssen dann die Einzahlungen beziehungsweise Einnahmen aus Verkäufen und die Auszahlungen beziehungsweise Ausgaben im Zusammenhang mit dem Einkauf von Waren oder Dienstleistungen, die Zahlungen an das Personal und alle sonstigen Zahlungen nur so weit erfasst werden, dass die nötigen Daten an den Steuerberater übermittelt werden können. Hier sollen nur die wesentlichen Ergebnisse dieser Arbeit interessieren: die Bilanz und die Gewinn- und Verlust-Rechnung.

Bilanz

Die Bilanz ist eine Gegenüberstellung des Kapitals, also der in einem Unternehmen eingesetzten Mittel, und der Vermögenswerte, für die diese Mittel verwendet werden, an einem bestimmten Stichtag, meist dem Ende des Geschäftsjahres. Hier kann nur die Grundidee in vereinfachter Form dargestellt werden, was aber ausreicht, um die Bilanz eines einzelkaufmännischen Unternehmens zu verstehen. Auf seltene Bilanzpositionen, auf die komplizierten Regeln für Kapitalgesellschaften und insbesondere auf die ungeheure Vielfalt der immer wieder veränderten steuerlichen Bewertungsregeln wird hier nicht eingegangen.

Jede Bilanz verzeichnet auf der linken Seite die Vermögenswerte, sie werden Aktiva genannt. Auf der rechten Seite stehen ihnen die Positionen des Kapitals gegenüber, sie werden Passiva genannt. Die Positionen auf beiden Seiten der Bilanz müssen jeweils die gleiche Summe ergeben, die als Bilanzsumme bezeichnet wird. Denn die eingesetzten Mittel (Passiva) müssen in Vermögenswerten (Aktiva) mit dem gleichen Wert wiederzufinden sein.

Aktiva

Die Aktiva werden grob nach ihrer Fristigkeit geordnet. Zuerst stehen Vermögenswerte, in denen das Kapital langfristig gebunden ist und die üblicherweise nicht schnell verkauft werden können. Weiter unten stehen Aktiva, die schneller zu Geld gemacht werden können.

Daher beginnt die Bilanz mit dem **langfristig genutzten Anlagevermögen**. Dies sind die Immobilien und die beweglichen Anlagegüter, wie Ausrüstungsgegenstände, Maschinen und Möbel. Dann folgt das **kurzfristig veränderliche Umlaufvermögen**. Dazu gehören das Warenlager, das zum Stichtag in einer Inventur erfasst wird, Forderungen gegenüber Kunden und anderen Unternehmen, Wertpapiere, Bankguthaben und das Geld in der Kasse als liquideste Form der Aktiva. Dieses Konzept führt dazu, dass Geld, das beispielsweise für große Anschaffungen oder für Waren ausgegeben wird, für die Darstellung in der Bilanz nicht „verloren" geht. Es wird dann nicht mehr als Bankguthaben, sondern als Wert des Anlagegutes oder der Ware aufgeführt. Es heißt, diese Güter werden „aktiviert", weil sie unter den Aktiva verbucht werden. Anderenfalls würde ein Unternehmen, das zu Beginn seiner Geschäftstätigkeit in Gebäude und Ausrüstung investiert, sofort sein Vermögen verlieren, was eine unsinnige Darstellung wäre. Anlagegüter, die im Laufe der Zeit an Wert verlieren, werden „abgeschrieben", der für sie in der Bilanz ausgewiesene Wert wird also von einer Bilanz zur nächsten Bilanz vermindert.

Abschreibung

» Die Abschreibung ist ein rechnerisches Verfahren, mit dem die Wertminderung langlebiger Güter ausgedrückt werden soll. Da die Wertminderung eines Gutes, beispielsweise einer Maschine oder eines Gebäudes, nicht genau gemessen werden kann, wird eine erwartete „betriebsgewöhnliche Nutzungszeit" festgelegt und die Wertminderung auf diese Zeit verteilt. Meistens wird in jedem Nutzungsjahr der gleiche Betrag abgeschrieben. Ein abgeschriebenes Gut kann auch über längere Zeit weiter genutzt werden, sofern es noch funktionsfähig ist, aber es ist dann nicht mehr mit einem Wert in der Bilanz verzeichnet. Neben der planmäßigen Abschreibung für vorhersehbare Wertminderungen durch Alterung und Verschleiß gibt es außerplanmäßige Abschreibungen für plötzlich zerstörte oder unbrauchbar gewordene Güter. Außer dem Verfahren wird auch der Betrag, um den der Wert einer Bilanzposition vermindert wird, als Abschreibung bezeichnet.

Sogenannte **geringwertige Wirtschaftsgüter** werden in der Bilanz nicht aufgeführt. Dies sind kleinere Ausrüstungsgegenstände, denen kein nennenswerter Wiederverkaufswert beizumessen ist. Ihre Anschaffung führt damit im betriebswirtschaftlichen Sinne zu einem Verlust, denn das Geld „verschwindet" aus der Bilanz, ohne dass eine andere Position entsteht. Für steuerliche

Zwecke wurde 2008 allerdings eine neue Regelung eingeführt, nach der solche geringwertigen Wirtschaftsgüter in einer gemeinsamen Position zusammengefasst und über fünf Jahre abgeschrieben werden, sofern ihr Kaufpreis jeweils 150 Euro überschreitet.

Passiva

Auch die Passiva werden nach der Fristigkeit geordnet. Am Anfang steht das **Eigenkapital**, das dem Unternehmen dauerhaft zur Verfügung steht. Es folgen **Rückstellungen** aus dem Eigenkapital, die für bestimmte vorhersehbare Auszahlungen reserviert sind, beispielsweise für spätere Steuerzahlungen oder Betriebsrenten an Mitarbeiter. Weitere Positionen bildet das **Fremdkapital** jeder Art, gegliedert in lang-, mittel- und kurzfristige Verbindlichkeiten (siehe Kap. 4.2).

Da die Bilanz jeweils zu einem Stichtag erstellt wird, ergeben sich immer Vorgänge, die gerade am Stichtag erst teilweise abgewickelt sind. Diese werden mithilfe so genannter Rechnungsabgrenzungsposten auf beiden Seiten der Bilanz verbucht, die aber für das grundsätzliche Verständnis nicht unbedingt erforderlich sind und daher hier nicht näher betrachtet werden.

Auswertung der Bilanz

Die Tabelle 4.1 zeigt die wesentlichen Inhalte einer einfachen Bilanz, wie sie für ein einzelkaufmännisches Unternehmen aufgestellt wird. Bei der Auswertung einer Bilanz geht es zunächst unabhängig voneinander um die Struktur der beiden Seiten. So gilt ein sehr hoher Anteil an Fremdkapital als wenig solide. Ein sehr kleiner Anteil an langlebigen Anlagegütern spricht für eine geringere Substanz oder für mangelnde Investitionen, weil alle Anlagegüter schon abgeschrieben und daher vermutlich veraltet sind.

Zwischen den einzelnen Positionen auf der Aktiv- und der Passivseite besteht keine direkte inhaltliche Zuordnung, denn alle Vermögensgegenstände werden gemeinsam durch das gesamte Kapital finanziert. Dennoch werden bei der Bewertung von Bilanzen auch die zahlenmäßigen Verhältnisse von Positionen auf beiden Seiten miteinander verglichen. Beispielsweise besagt die so genannte **goldene Bilanzregel**, dass in Höhe des Wertes der langfristig für den Betrieb des Unternehmens erforderlichen Anlagegüter auch langfristig verfügbares Kapital, möglichst Eigenkapital, vorhanden sein soll. Dahinter steht die Idee, dass kurzfristige Verbindlichkeiten bei ungünstigen Rahmenbedingungen möglicherweise nicht mehr verlängert werden können. Wenn diese Mittel aber erforderlich wären, um die langfristig notwendigen Ausrüstungsgegenstände zu finanzieren, könnte das Unternehmen gezwungen sein, diese Aktiva zu verkaufen. Dann könnte es aber nicht mehr arbeiten und wäre ruiniert. Kurzfristig veräußerbare Vermögensgegenstände können dagegen auch kurzfristig finanziert werden. Dies betrifft das Umlaufvermögen, zu dem bei Apotheken insbesondere das Warenlager gehört.

Tabelle 4.1: Struktur einer einfachen Bilanz

Aktiva	Passiva
Immobilien	Eigenkapital
Bewegliche Anlagegüter	Rückstellungen
Waren	Verbindlichkeiten (lang-, mittel-, kurzfristig)
Forderungen (lang-, mittel-, kurzfristig)	Passive Rechnungsabgrenzungsposten
Wertpapiere	
Bankguthaben	
Kasse (Bargeld)	
Aktive Rechnungsabgrenzungsposten	
Summe der Beträge: Bilanzsumme	**Summe der Beträge: Bilanzsumme**

Gewinnermittlung

Beim Abschluss des Rechnungswesens für ein Geschäftsjahr stehen alle Aktiva und fast alle Passiva der Bilanz fest. Als letzte Position wird das Eigenkapital in folgender Weise ermittelt: Die Bilanz muss so aufgestellt werden, dass sich auf beiden Seiten jeweils die gleiche Summe, nämlich die so genannte Bilanzsumme, ergibt. Denn das Kapital ist in den Vermögenswerten des Unternehmens gebunden. Kapital und Vermögen müssen daher den gleichen Betrag umfassen. Wenn alle Positionen außer dem Eigenkapital bekannt sind, ergibt sich aus der Summe aller Aktiva abzüglich der Summe der bereits bekannten Passiva schließlich eine Differenz, die für die gleiche Summe auf beiden Seiten sorgt. Eine solche Differenz zwischen zwei Summen wird allgemein als **Saldo** bezeichnet. In dem hier beschriebenen Fall ist dieser Saldo das Eigenkapital eines einzelkaufmännischen Unternehmens.

Die Veränderung des Eigenkapitals gegenüber dem Vorjahr ist der Gewinn oder Verlust. Wenn das Eigenkapital im Vergleich zum Vorjahr steigt, wurde ein Gewinn erzielt, anderenfalls ein Verlust. Der Gewinn ist die Grundlage für die Besteuerung eines einzelkaufmännischen Unternehmers. Nach Abzug der

Steuern muss er daraus seinen Lebensunterhalt, seine Sozialabgaben und die Investitionen in das Unternehmen finanzieren, soweit dafür kein Fremdkapital verwendet wird. Wenn ein Verlust erzielt wird, vermindert sich sein privates Vermögen um diesen Betrag. Zudem muss er dann seinen Lebensunterhalt und seine Sozialabgaben aus seinem Vermögen bestreiten, sofern er keine anderen Einnahmequellen hat.

Wenn bei der Berechnung des Eigenkapitals ein negativer Saldo entsteht, das Eigenkapital also ein negativer Betrag wäre, sind die Vermögenswerte geringer als das Fremdkapital. Das Unternehmen ist dann überschuldet, es hat mehr Schulden als Vermögen. Bei Kapitalgesellschaften muss dann ein Konkursverfahren eingeleitet werden. Personengesellschaften können dagegen, solange sie noch zahlungsfähig sind, versuchen, weiter zu arbeiten, um diese Lage zu überwinden.

Gewinn- und Verlust-Rechnung

Als weiteres Ergebnis des Rechnungswesens entsteht neben der Bilanz jährlich eine sogenannte Gewinn- und Verlust-Rechnung, aus der ebenfalls der Gewinn abgelesen werden kann. Im Gegensatz zur Bilanz als Darstellung der Unternehmenssituation am Stichtag gibt die Gewinn- und Verlust-Rechnung Auskunft über die Entstehung des Gewinns oder Verlusts aus den Vorgängen des betrachteten Geschäftsjahres. Ein Beispiel für eine einfach strukturierte Gewinn- und Verlust-Rechnung ist in Tabelle 4.2 dargestellt. Sehr grob betrachtet werden dort die Warenumsätze und sonstigen Erlöse addiert und alle Arten von Aufwendungen subtrahiert. Bei Handelsunternehmen ergibt sich aus den Umsätzen und sonstigen betrieblichen Erträgen abzüglich der Aufwendungen für eingekaufte Waren das Rohergebnis oder der **Rohgewinn** (siehe Kap. 5.2). Die weiteren Aufwendungen entstehen insbesondere durch Personal, Räume und Zinsen für das Fremdkapital. Sie entsprechen weitgehend den Kosten, wie sie auch in der Kostenrechnung (siehe Kap. 5.4) erfasst werden. Allerdings kann es Aufwendungen geben, die nicht den betrieblichen Leistungen des betrachteten Zeitraumes dienen und daher nicht zu den Kosten zählen. Diese Unterschiede zwischen den Begriffen Aufwand und Kosten werden hier aber nicht vertieft.

Das Ergebnis der Gewinn- und Verlust-Rechnung ist der **Jahresüberschuss** oder **Jahresfehlbetrag**. Bei einer einfachen Betrachtung für ein einzelkaufmännisches Unternehmen entspricht dies dem Gewinn oder Verlust. In der kaufmännischen Fachsprache gibt es weitere Unterscheidungen, die jedoch üblicherweise nur bei größeren Unternehmen mit mehreren Gesellschaftern eine Rolle spielen. Dann ist der Bilanzgewinn oder Bilanzverlust vom Jahresüberschuss oder Jahresfehlbetrag zu unterscheiden. Der **Bilanzgewinn** ist die Summe aus dem Jahresüberschuss, den Gewinnanteilen anderer Gesellschafter, dem Gewinnvortrag aus früheren Jahren und den Beträgen, die in Rücklagen für vorhersehbare künftige Ausgaben eingestellt werden.

Alle diese Größen sagen für sich allein betrachtet nur wenig über den wirtschaftlichen Erfolg eines Unternehmens aus. Beispielsweise kann ein Jahresüberschuss durch hohe Steuerzahlungen für die Erträge aus früheren erfolgreichen Jahren stark geschmälert werden. Aussagekräftiger sind dagegen Vergleiche dieser Größen über mehrere Jahre. Im Vergleich mit den Gewinn- und Verlust-Rechnungen früherer Jahre lässt sich – anders als aus der Bilanz – erkennen, ob ein Gewinn beispielsweise aufgrund geringerer Umsätze oder höherer Kosten zurückgegangen ist. So sollten die Bilanz und die Gewinn- und Verlust-Rechnung gemeinsam ein recht umfassendes Bild der wirtschaftlichen Situation eines Unternehmens vermitteln, insbesondere wenn die Entwicklung der einzelnen Positionen über mehrere Jahre verfolgt wird.

Tabelle 4.2: Struktur einer einfachen Gewinn- und Verlust-Rechnung für ein Handelsunternehmen

Gewinn- und Verlustrechnung	
Umsätze	
+	Sonstige betriebliche Erträge
–	Materialaufwand
=	**Rohergebnis** (Zwischensumme)
–	Personalaufwand
–	Abschreibungen
–	Sonstige betriebliche Aufwendungen
+	Erträge aus Beteiligungen und Zinserträge
–	Zinsaufwendungen
=	**Ergebnis der gewöhnlichen Geschäftstätigkeit** (Zwischensumme)
–	Steuern
=	**Jahresüberschuss** (Summe)

4.5 Zahlungsverkehr

Im Zusammenhang mit Investitionen und Finanzierungen sind vielfach Zahlungen zu leisten. Noch viel öfter kommen Zahlungen im alltäglichen Geschäft einer Apotheke vor, wenn Kunden die gekauften Arzneimittel oder Apotheker die bei Lieferanten gekauften Waren bezahlen. Alle diese Vorgänge gehören zum Zahlungsverkehr. Unter dem Begriff Zahlungsverkehr wird die praktische und technische Abwicklung von Zahlungsvorgängen verstanden, unabhängig vom wirtschaftlichen Hintergrund der jeweiligen Zahlung. Wie dieser Zahlungsverkehr funktioniert, soll hier erläutert werden.

Geld

Grundlage des Zahlungsverkehrs ist das Geld, das am besten durch die Vielfalt seiner Funktionen beschrieben wird. Es dient als Wertmaßstab und Recheneinheit. Außerdem ist es Tauschmittel und Schuldbefreiungsmittel – und das bedeutet letztlich: Zahlungsmittel. Sein Wert muss daher allgemein akzeptiert sein. Darüber hinaus sollte es als Wertaufbewahrungsmittel dienen können, wofür sein Wert langfristig stabil sein muss.

Bargeld

Das seit langer Zeit gebräuchlichste Zahlungsmittel ist das Bargeld in Form von Geldscheinen (in der Fachsprache Noten genannt) und Münzen (siehe Abb. 4.1). In den Ländern der Euro-Zone, also auch in Deutschland, lauten sie auf einen **Nennwert** in Euro oder Cent. Sie werden von der Europäischen Zentralbank ausgegeben und gelten in allen Ländern der Euro-Zone als **gesetzliches Zahlungsmittel**. Sie müssen also als Mittel zum Begleichen einer Schuld akzeptiert werden. Dies schließt aber nicht aus, dass sich Vertragspartner auch auf andere Zahlungsmittel einigen, wie beispielsweise einige Geschäfte in Grenzregionen zu Nicht-Euro-Ländern, die auch Dänische Kronen beziehungsweise Schweizer Franken annehmen.

Eine **Zentralbank** wie die Europäische Zentralbank ist kein Kreditinstitut im üblichen Sinn, weil sie keine gewöhnlichen Geldgeschäfte betreibt. Ihre Hauptaufgabe besteht in der Sicherung der Währung. Sie steuert die Menge des Geldes, weil nur ein angemessenes Gleichgewicht zwischen der wirtschaftlichen Leistung im Währungsgebiet und der Menge des Geldes den Wert des Geldes sichert. Wenn dies nicht gelingt, kann es zur **Inflation**, also zur (schleichenden) Geldentwertung durch steigende Preise kommen. Als Eingriffsmöglichkeiten bestimmt die Zentralbank die Menge des umlaufenden Bargelds und die kurzfristigen Zinsen, zu denen sich Kreditinstitute Geld bei der Zentralbank beschaffen können. Die Steuerungsmöglichkeiten gehen damit weit über das Bargeld hinaus und umfassen auch das so genannte Buchgeld.

Abb. 4.1: Trotz vieler elektronischer Möglichkeiten ist das Bargeld für die meisten Menschen noch immer das wichtigste Zahlungsmittel im Alltag. Quelle: Imago/Zoellner

Buchgeld

Buchgeld oder Giralgeld (siehe unten) ist der Gegenbegriff zu Bargeld. Es gehört ebenfalls zur Geldmenge und dient als Zahlungsmittel, erscheint aber nur in Buchungen bei Banken. Zahlungen mit Buchgeld werden auch als „unbare" oder bargeldlose Zahlungen bezeichnet. Die Grundlage des bargeldlosen Zahlungsverkehrs sind die **Girokonten** (ital. *giro* = Überweisung, aber auch: Runde; hier gemeint als Bezug auf den Kreislauf des Geldes zwischen verschiedenen Konten, daher auch der Begriff Giralgeld). Die Guthaben auf Girokonten sind jederzeit fällig, sie können also jederzeit für Zahlungen verwendet oder in Bargeld umgetauscht (vom Konto „abgehoben") werden. Dies bildet den wesentlichen Unterschied der Girokonten zu Sparkonten und Festgeldkonten, die nicht dem Zahlungsverkehr dienen. Die Guthaben auf Sparkonten können nur bis zu einer vorher vereinbarten Grenze abgehoben werden, höhere Beträge müssen eine vereinbarte Zeitspanne zuvor gekündigt werden. Bei Festgeldkonten wird die Laufzeit vorher festgelegt. Dafür bieten Spar- und Festgeldkonten Zinsen, während es für die Guthaben auf Girokonten keine oder allenfalls minimale Zinsen gibt.

Konto

» Ein Konto (Mehrzahl Konten) ist eine Aufstellung zur wertmäßigen Erfassung von Geschäfts- oder Zahlungsvorgängen. Einerseits wird der Begriff im Rechnungswesen verwendet, wo die Geschäftsvorgänge in einer Vielzahl von Konten verbucht werden, die letztlich der Aufstellung der Bilanz und der Gewinn- und Verlust-Rechnung dienen. Andererseits werden die Guthaben und Verbindlichkeiten eines Unternehmens oder einer Privatperson gegenüber einem Kreditinstitut in Konten bei dem Kreditinstitut verbucht und verwaltet. Auch in diesem Fall ist das Konto letztlich nur ein rechentechnisches Instrument zur Verbuchung von Werten, aber die Formulierung „ein Konto bei einer Bank zu eröffnen" beziehungsweise „führen zu lassen" wird im üblichen Sprachgebrauch meist als Ausdruck für die Geschäftsbeziehung zu dieser Bank benutzt. Alle Konten – ob im Rechnungswesen eines Unternehmens oder bei einem Kreditinstitut – sind in eine Sollseite und eine Habenseite gegliedert. Bei Bankkonten werden auf der Sollseite die Belastungen und die sich daraus ergebenden Verbindlichkeiten des Bankkunden gegenüber der Bank und auf der Habenseite die Guthaben des Kunden aufgelistet.

Bargeldloser Zahlungsverkehr

Über die Guthaben auf Girokonten kann auf verschiedene Arten verfügt werden, woraus sich die unterschiedlichen Formen des bargeldlosen Zahlungsverkehrs ergeben. Zwischen Unternehmen sind **Überweisungen** vom Konto des Zahlungspflichtigen auf das Konto des Zahlungsempfängers bei der gleichen oder einer anderen Bank üblich. Die Überweisungen kann der Zahlungspflichtige in schriftlicher Form oder auf elektronischem Weg mit Verfahren des so genannten Electronic Bankings an seine Bank übermitteln. Der umgekehrte Weg wird beim **Lastschriftverfahren** benutzt. Bei der üblichen Variante erteilt der Zahlungspflichtige dem Zahlungsempfänger eine Einzugsermächtigung für sein Konto. Bei Fälligkeit der Zahlung lässt der Zahlungsempfänger den Betrag durch seine Bank vom Konto des Zahlungspflichtigen abbuchen. Dies ist vorteilhaft bei langfristigen Geschäftsbeziehungen, bei denen vielfach unterschiedliche Beträge zu zahlen sind, beispielsweise für Strom oder Wasser. Als Gegenleistung zur Teilnahme am Lastschriftverfahren bieten manche Unternehmen Skonti an, die einen Anreiz für diese sehr einfach zu organisierende Form des Zahlungsverkehrs geben. Der Zahlungspflichtige kann seine Bank nach einer solchen Buchung mit der Rückabwicklung beauftragen, falls unrechtmäßig oder irrtümlich ein falscher Betrag belastet wurde. Dies ist jedoch nur beim **Einzugsermächtigungsverfahren** möglich. Beim **Abbuchungsauftragsverfahren**, bei dem der Zahlungspflichtige seiner Bank einen Abbuchungsauftrag erteilt, auf den sich der Zahlungsempfänger bezieht, ist die nachträgliche Rückabwicklung durch die Bank dagegen nicht möglich.

Schecks und Electronic Cash

Außerdem kann mithilfe von Schecks über die Guthaben auf Girokonten verfügt werden. Dabei stellt der Zahlungspflichtige einen Scheck aus und übergibt ihn dem Zahlungsempfänger, der diesen bei seiner Bank einreichen kann, die wiederum das Geld vom Konto des Zahlungspflichtigen einzieht. Gegen Vorlage eines Barschecks kann die Bank den Betrag in bar auszahlen, Verrechnungsschecks können nur einem Konto gutgeschrieben werden. So genannte Orderschecks müssen vor der Weitergabe auf der Rückseite des Schecks unterschrieben werden. Dieser Übertragungsvermerk heißt Indossament, der dazugehörige Vorgang wird Indossieren genannt. Ein Scheck (siehe Abb. 4.3) ist eine Urkunde und muss aufgrund gesetzlicher Vorschriften folgende Angaben aufweisen:

- die Bezeichnung als Scheck,
- die unbedingte Anweisung, einen bestimmten Geldbetrag zu zahlen,
- den Namen des Bezogenen, also des zur Zahlung aufgeforderten Kreditinstituts,
- den Zahlungsort,
- den Ort und das Datum der Ausstellung und
- die Unterschrift des Ausstellers.

Mit der Annahme eines Schecks geht der Zahlungsempfänger das Risiko ein, dass das Konto des Zahlungspflichtigen kein Guthaben aufweist und der Zahlungspflichtige später nur schwer ausfindig zu machen ist. Wegen dieses Nachteils und im Zuge der Entwicklung der Elektronik ist die Bedeutung von Schecks stark zurückgegangen. Stattdessen ist das so genannte Electronic Cash im Einzelhandel und damit auch in Apotheken sehr verbreitet. Der Kunde zahlt dabei mit seiner ec-Karte (siehe Abb. 4.2), die in ein Lesegerät gesteckt wird. Der Kunde bestätigt den Betrag, identifiziert sich mit seiner Geheimzahl und die Zahlung wird elektronisch veranlasst. Üblicherweise werden die Zahlungsdaten sofort über die Telefonleitung an eine Datenzentrale übermittelt, sodass noch in Anwesenheit des Kunden feststeht, ob er über ein ausreichendes Guthaben verfügt. Dies bietet dem Verkäufer große Sicherheit.

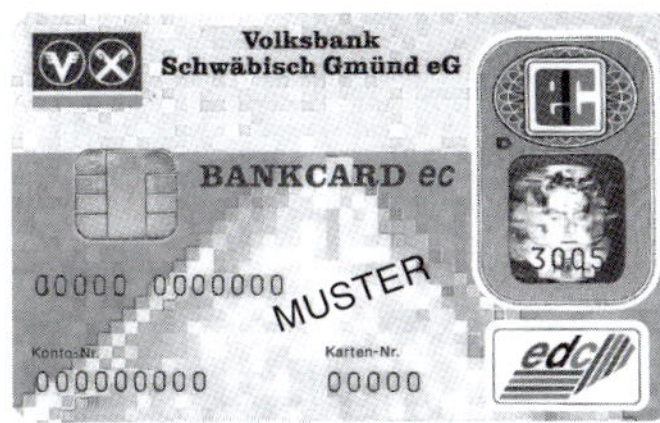

Abb. 4.2: Muster einer ec-Karte.
Quelle: Berger et al. PKA 24, 2008

Dieser Abschnitt ist vom Empfänger abzutrennen
Abs.:
DM Pf
Verwendungszweck
Deutsche Apotheker- und Ärztebank eG
Bank für die Heilberufe
Düsseldorf
Zahlen Sie gegen diesen Scheck
Nur zur Verrechnung
*Bis zur Einführung des Euro (=EUR) nur DM; danach DM oder EUR.
Betrag in Buchstaben
DM od. EUR*
Betrag
noch Betrag in Buchstaben
an
oder Überbringer
Muster
Ausstellungsort
Datum
Unterschrift des Ausstellers
Scheck-Nr. X Konto-Nr. X Betrag X Bankleitzahl X Text
00000308214812 600906092 01

Abb. 4.3: Muster eines Verrechnungsschecks. Quelle: Berger et al. PKA 24, 2008

Eine andere Form der elektronischen Bezahlung ermöglicht die Geldkarte. Der Speicherchip auf der Karte wird bei einem Kreditinstitut mit einem Geldbetrag „aufgeladen" und kann dann ähnlich wie Bargeld zur Zahlung an Automaten oder in Geschäften mit geeigneten Lesegeräten genutzt werden. Bei der Bezahlung findet dann kein Kontakt zum Kreditinstitut und keine Abbuchung vom Konto mehr statt. Die Funktionen als ec-Karte und als Geldkarte können auf einer Karte gekoppelt werden, sie sind aber auch unabhängig voneinander möglich.

Kreditkarten

Die Bezahlung mit einer Kreditkarte funktioniert ähnlich wie mit einer ec-Karte, aber dabei müssen die Daten nicht unbedingt sofort übermittelt werden, weil das Kreditkartenunternehmen gegenüber dem Zahlungsempfänger die Zahlung garantiert. Je nach Vereinbarung zwischen dem Kreditkartenunternehmen und dem Kunden muss die Zahlung auch nicht sofort vom Girokonto abgebucht werden, sondern es kann ein Kredit (daher der Name Kreditkarte) gewährt werden, den sich das Kreditkartenunternehmen relativ teuer bezahlen lässt. Der Zahlungsempfänger muss bei Kreditkartenzahlungen an das Kreditkartenunternehmen eine recht hohe Gebühr bezahlen, die als Prozentsatz vom Rechnungsbetrag festgelegt wird. Dies ist für den Zahlungsempfänger ein erheblicher Nachteil und macht diese Zahlungsweise für Apotheken weitgehend unbrauchbar, soweit es um Zahlungen für verschreibungspflichtige Arzneimittel geht. Denn die Spanne zwischen Einstands- (siehe Kap. 5.2 und 5.3) und Verkaufspreis ist gemäß der seit 2004 geltenden Preisbildung für verschreibungspflichtige Arzneimittel meist geringer als die Gebühr des Kreditkartenunternehmens. Dann wird der Verkauf für die Apotheke zum Verlustgeschäft. Umso wichtiger ist für Apotheken das Electronic Cash, bei dem geringere Gebühren anfallen.

Das Wichtigste in Kürze

- » *Liquidität ist eine Voraussetzung für unternehmerische Tätigkeit. Rentabilität ist ein wesentliches Erfolgskriterium für diese Tätigkeit.*
- » *Zur Finanzierung von Unternehmen werden Eigenkapital und verschiedene Formen von Fremdkapital verwendet, die insbesondere danach unterschieden werden, wie lange sie dem Unternehmen zur Verfügung stehen.*
- » *Die Bilanz ist ein wichtiges Instrument zur Darstellung der Vermögensverhältnisse eines Unternehmens. Der wirtschaftliche Erfolg eines Geschäftsjahres wird eher anhand der Gewinn- und Verlust-Rechnung deutlich.*
- » *Zur Bewertung des wirtschaftlichen Erfolgs sollten Daten aus Bilanzen und aus Gewinn- und Verlust-Rechnungen über längere Zeiträume verglichen werden.*
- » *Der Zahlungsverkehr mit seinen vielfältigen Instrumenten bildet eine wichtige technische Grundlage für jede wirtschaftliche Tätigkeit.*

Übungen

Frage 4.1: Was erhöht die Liquidität 2. Grades?

a) Zunahme des Wertes kurzfristiger Verbindlichkeiten
b) Zunahme des Wertes langfristiger Forderungen
c) Zunahme des Wertes kurzfristiger Forderungen.

Frage 4.2: Eine Apotheke verfügt über einen Kassenbestand und ein Guthaben auf einem Girokonto in Höhe von insgesamt 20.000 €, es stehen kurzfristige Rechnungen in Höhe von 25.000 € offen. Wie hoch ist die Liquidität 1. Grades?

a) 25%
b) 80%
c) 125%.

Frage 4.3: Was ist der vorrangige Zweck einer Bilanz?

a) die wirtschaftlichen Verhältnisse eines Unternehmens an einem bestimmten Stichtag darzustellen
b) die wirtschaftliche Entwicklung eines Unternehmens über einen längeren vergangenen Zeitraum darzustellen
c) eine möglichst gute Prognose über die künftige Geschäftsentwicklung eines Unternehmens zu erstellen.

Übungen (Fortsetzung)

Frage 4.4: Was besagt die goldene Bilanzregel?

a) Langfristig benötigtes Anlagevermögen soll mit langfristig verfügbarem Kapital finanziert werden.
b) Die Liquidität 2. Grades soll mindestens 100% betragen.
c) Die Schulden sollen nicht größer sein als das Vermögen.

Frage 4.5: Was ist die Bilanzsumme?

a) die Differenz aus Aktiva und Passiva
b) die Summe der Aktiva zuzüglich der Summe der Passiva
c) die Summe der Aktiva, die gleichzeitig die Summe der Passiva ist.

Frage 4.6: Was sind wichtige Gliederungspunkte der Aktivseite einer Bilanz?

a) Eigenkapital und Fremdkapital
b) Anlagevermögen und Umlaufvermögen
c) Immobilien und Rückstellungen.

Frage 4.7: Was ist ein Kontokorrentkredit?

a) ein flexibler Kredit, dessen Betrag täglich schwanken kann und der nur in Anspruch genommen wird, wenn das Girokonto kein Guthaben mehr aufweist
b) ein spezieller Kredit, der nur zur Finanzierung von Warenlieferungen dient
c) ein Kredit mit langfristig festgelegtem Zinssatz.

Lösungen siehe Anhang 2.

Kosten und Preise

Die Preise für viele Arzneimittel sind gesetzlich geregelt, für viele andere Arzneimittel und für sonstige apothekenübliche Waren sind sie aber frei kalkulierbar. Um angemessene Preise zu finden, die für wirtschaftlichen Erfolg sorgen, müssen viele Aspekte berücksichtigt werden: die Einkaufskonditionen der Waren, die Kosten der Apotheke, die Preisbildung bei den Wettbewerbern und die Reaktionen der Kunden. In diesem Kapitel erfahren Sie, wie dies alles in die Preisbildung eingehen kann.

5.1 Gesetzlich geregelte Preise

In der Marktwirtschaft sind Handelsunternehmen bei der Wahl ihrer Preise frei. Preise werden nicht durch Gesetze geregelt, denn sie sind nicht Sache des Staates, sondern gehen nur die Marktbeteiligten – Käufer und Verkäufer – etwas an. Sie sind auch nicht Gegenstand von Verträgen zwischen den Produzenten einer Ware und den Groß- oder Einzelhändlern, die diese Ware weiterverkaufen. Vor einigen Jahrzehnten waren solche Regelungen im Wirtschaftsleben noch verbreitet, sie wurden als „Preisbindung der zweiten Hand“ bezeichnet. Doch heute verbietet das Kartellrecht solche Verträge. Das Gesetz schränkt demnach nicht die Wahl der Preise ein, sondern stellt sicher, dass die Wahlfreiheit bei dem jeweiligen Händler bleibt. Die Auswahl eines angemessenen Preises ist damit in der Marktwirtschaft für den Händler keine rechtliche, sondern „nur“ eine betriebswirtschaftliche Frage. Das ist schwer genug, denn der Preis soll einerseits die Kosten des Unternehmens decken und einen Gewinn ermöglichen und andererseits die Kunden nicht abschrecken und gegenüber anderen Anbietern konkurrenzfähig sein.

Kosten

» Kosten sind der bewertete Verbrauch von Gütern oder Leistungen, die innerhalb einer Abrechnungsperiode (meist ein Jahr) zur Erstellung der betrieblichen Leistungen eingesetzt werden. Der Begriff wird im Kap. 5.4 ausführlich dargestellt.

Soweit das Prinzip in der Marktwirtschaft – davon gibt es jedoch aus sozialen, kulturellen oder gesundheitspolitischen Gründen in den meisten Ländern einige Ausnahmen, in Deutschland sind es zwei: verschreibungspflichtige und in bestimmten Sonderfällen auch einige andere Arzneimittel sowie Presseerzeugnisse (Bücher, Zeitschriften, Zeitungen). Für diese Produkte ist gesetzlich geregelt, wie die Preise zu ermitteln sind. Bis Ende 2003 galt dies sogar für alle apothekenpflichtigen Arzneimittel. Freie Preise waren daher in Apotheken jahrzehntelang die Ausnahme. Heute kommen dagegen alle denkbaren Fälle der Preisbildung regelmäßig in der Apothekenpraxis vor, was das Thema so kompliziert macht. Manche Preise sind durch rechtliche Vorschriften geregelt – andere Preise sollten anhand der betriebswirtschaftlichen Bedingungen so gewählt werden, dass die Apotheke wirtschaftlich erfolgreich ist. Daher sind in Apotheken zwei verschiedene Fragestellungen für die Preisbildung zu unterscheiden:

- die arzneimittelrechtlichen und presserechtlichen Vorschriften über die Preisbildung, soweit sie gesetzlich geregelt sind – also ein rechtliches Thema – und
- die wirtschaftlich sinnvolle Vorgehensweise für Produkte ohne gesetzliche Preisvorgaben – also ein betriebswirtschaftliches Thema.

Der erste Aspekt wird in diesem Kapitel betrachtet, der zweite Aspekt im nächsten Kapitel 5.2.

Aus rechtlicher Sicht sind bei der Preisbildung in der Apotheke derzeit folgende grundsätzlich verschiedene Fälle zu unterscheiden (siehe auch Abb. 5.1):

- Verschreibungspflichtige Fertigarzneimittel: Das Verfahren der Preisbildung ist durch die Arzneimittelpreisverordnung vorgeschrieben.
- Nichtverschreibungspflichtige, aber apothekenpflichtige Fertigarzneimittel, nur sofern sie zu Lasten der GKV verschrieben werden, sowie Tierarzneimittel: Die Preisbildung erfolgt nach der „alten“ Arzneimittelpreisverordnung, die bis Ende 2003 noch für alle apothekenpflichtigen Arzneimittel galt.
- In der Apotheke hergestellte Rezepturarzneimittel (mit Einschränkungen, siehe unten).
- Alle anderen Produkte, ob Arzneimittel oder nicht, ausgenommen Bücher: Die Apotheke ist in der Preisbildung frei.
- Bücher: Die vom Verlag vorgegebenen Preise sind Festpreise.

Da die betriebswirtschaftliche Betrachtung für öffentliche Apotheken hier im Mittelpunkt stehen soll, werden einige weitere gesetzliche Sonderfälle wie die Krankenhausbelieferung ausgespart.

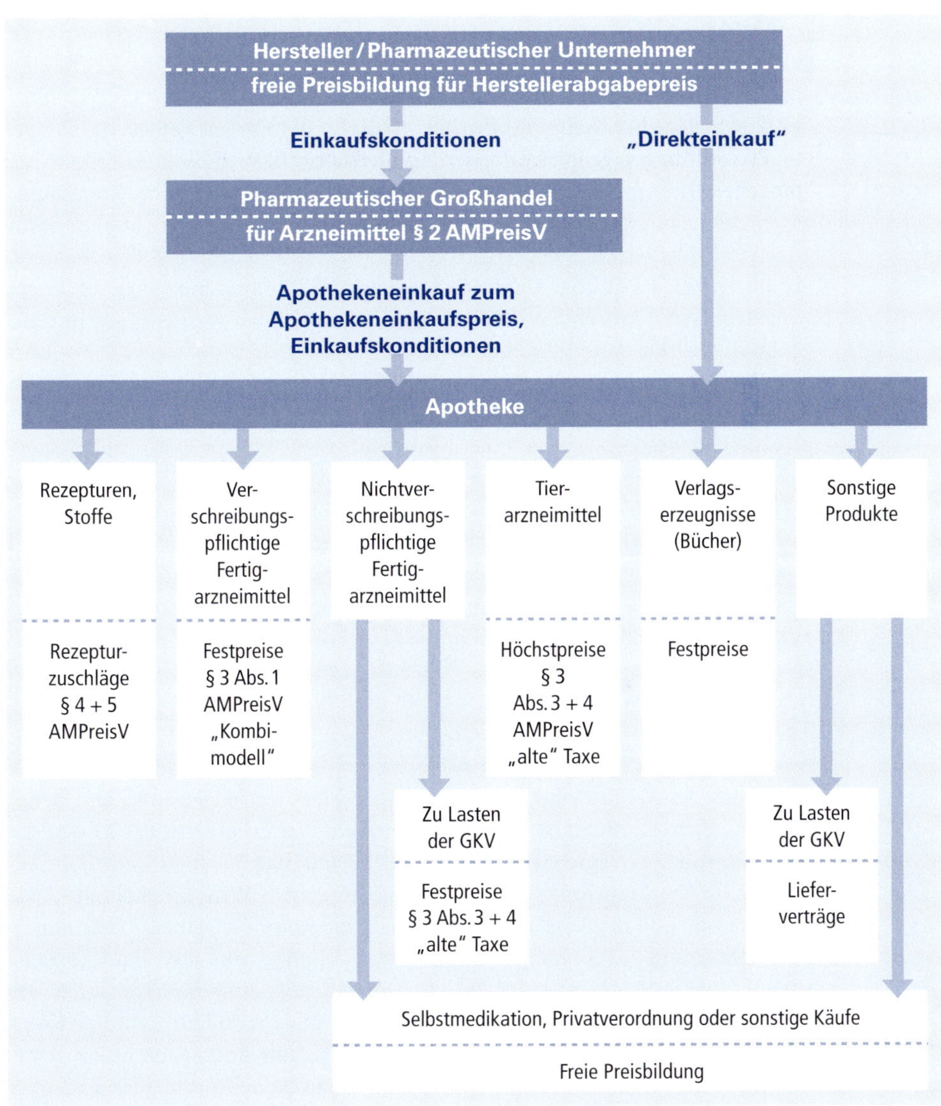

Abb. 5.1: Für die verschiedenen Waren in der Apotheke gelten unterschiedliche rechtliche Regelungen zur Preisbildung, deren Anwendung teilweise auch vom jeweiligen Kostenträger abhängt.

Arzneimittelpreisverordnung für verschreibungspflichtige Arzneimittel

Die Preise für verschreibungspflichtige Arzneimittel werden gemäß Arzneimittelpreisverordnung ausgehend von den Herstellerabgabepreisen ermittelt. Auf Herstellerabgabepreise bis zu 3 Euro schlägt der pharmazeutische Großhandel 15 Prozent auf, für höhere Herstellerabgabepreise gelten geringere Prozentsätze, für Herstellerabgabepreise von 26,93 bis 1200 Euro sind es 6 Prozent, für alle teureren Produkte unabhängig vom Preis 72 Euro. Ein solches Konzept wird **degressive Aufschlagsstaffel** (lat. *de-* = herab-; lat. *gressus* = geschritten) genannt, weil die Aufschläge bei höheren Preisen prozentual stets kleiner werden, auch wenn sie in absoluten Geldbeträgen steigen oder zumindest gleich bleiben. Denn die Kosten des Großhandels hängen teilweise von der Zahl der gehandelten Packungen ab. Die Mühe für den Transport ist unabhängig davon, ob eine Packung 10 oder 100 Euro kostet. Für die Finanzierung der Packung bis zu ihrem Weiterverkauf, für die Versicherung des Lagers und die Gefahr eines möglichen Verfalls des Arzneimittels ist der Wert des Produktes hingegen sehr wichtig. Daher wird der Großhandelsaufschlag abhängig vom Wert berechnet, aber mit abnehmenden Aufschlagssätzen. Hundert Packungen mit einem Herstellerabgabepreis von jeweils 3 Euro bringen dem Großhandel so mehr ein als eine Packung zu 300 Euro, machen aber auch mehr Mühe.

Ausgehend von dem so ermittelten rechnerischen **Abgabepreis des Großhandels** wird im nächsten Schritt der **Verkaufspreis der Apotheke** ermittelt. Hinsichtlich der Kosten der Apotheke geht der Gesetzgeber dabei von einer ähnlichen Überlegung wie beim Großhandel aus, nur viel krasser. Der größte Teil der Kosten der Apotheke soll durch einen festen Aufschlag (Fixaufschlag) gedeckt werden, insbesondere für die Arzneimittelabgabe und Beratung, den Wareneingang, die Apothekenräume und die Ausstattung. So schlägt die Apotheke gemäß Arzneimittelpreisverordnung 3 Prozent sowie einen festen Betrag von 8,10 Euro (Fixaufschlag) und die Mehrwertsteuer auf. Dies ergibt den Apothekenverkaufspreis, der in der Apotheken-EDV abgelesen werden kann. Diese Preisbildung wird als **Kombimodell** bezeichnet, weil dabei ein fester Aufschlag mit einem prozentualen Aufschlag kombiniert wird. Auch für die Preisbildung beim Großhandel wird über die Umstellung auf ein solches Verfahren diskutiert.

Bei niedrigpreisigen Produkten mit einem Einkaufspreis von beispielsweise 5 Euro macht der prozentuale Aufschlag für die Apotheke nur 15 Cent aus. Zusammen mit dem Fixaufschlag von 8,10 Euro beträgt der Verkaufspreis dann 13,25 Euro zuzüglich Mehrwertsteuer. Bei einem Arzneimittel für 1000 Euro macht der prozentuale Aufschlag dagegen immerhin 30 Euro aus, der Verkaufspreis beträgt dann 1038,10 Euro zuzüglich Mehrwertsteuer. Da der prozentuale Teil des Aufschlages kaum ausreicht, um die Kosten für die Finanzierung oder die Gefahr der Beschädigung und des Verfalls auszugleichen, gibt es bei dieser Preisbildung keinen Anreiz für Apotheker, sich verstärkt um Rezepte mit teuren Arzneimitteln zu bemühen oder Ärzte zu teuren Verordnungen zu motivieren. Der politische Gedanke hinter diesem Konzept ist, dass die Apotheken nicht an steigenden Herstellerabgabepreisen oder an der Auswahl besonders teurer Arzneimittel zusätzlich verdienen sollen. Damit kann den Apotheken nicht vorgeworfen werden, von steigenden Arzneimittelausgaben der GKV zu profitieren. Der Apotheker soll als Heilberufler und nicht als Händler honoriert werden.

Sonderregeln für die GKV

» Die Regeln für die Arzneimittelpreisbildung aufgrund der Arzneimittelpreisverordnung gelten unabhängig davon, ob das Arzneimittel an einen Kunden privat verkauft wird oder ob es von der GKV bezahlt wird. Für Arzneimittel, die zu Lasten der GKV abgegeben werden, gelten jedoch etliche zusätzliche Regeln des Sozialversicherungsrechts. Aufgrund immer wieder neuer Sparbemühungen im Gesundheitswesen werden die Einzelheiten dieser Regeln häufig geändert. Daher werden hier nur einige besonders wichtige Regelungen in ihren Grundzügen vorgestellt:
- » der Krankenkassenabschlag,
- » die Zuzahlungen,
- » die Festbeträge,
- » die Rabattverträge und
- » die Lieferverträge.

Krankenkassenabschlag: Die Apotheken haben den Krankenkassen der GKV einen speziellen Rabatt zu gewähren. Daher wird bei der Abgabe von verschreibungspflichtigen Arzneimitteln, die zu Lasten der GKV verordnet wurden, der Rechnungsbetrag der Apotheke bei der Rezeptabrechnung um den Krankenkassenabschlag gekürzt. Ende 2008 betrug dieser Krankenkassenabschlag 2,30 Euro pro Packung (einschließlich Mehrwertsteuer). Ab 2009 wird die Höhe des Kassenabschlags jährlich in Verhandlungen zwischen den Verbänden der GKV und der Apotheker festgelegt.

Zuzahlungen: In den meisten Fällen zahlt die GKV nicht den vollen Preis des Arzneimittels, sondern die Versicherten haben eine Zuzahlung zu leisten. Ende 2008 betrug die Zuzahlung 10 Prozent des Arzneimittelpreises, jedoch mindestens 5 Euro und höchstens 10 Euro pro Arzneimittel. Patienten mit geringem Einkommen können teilweise von diesen Zuzahlungen befreit werden, wobei für chronisch Kranke und andere Patienten unterschiedliche Regelungen gelten. Außerdem sind Kinder von der Zuzahlung befreit.

Festbeträge: Für wirkstoffgleiche oder therapeutisch vergleichbare Arzneimittel werden Festbeträge für verschiedene Konzentrationen und Packungsgrößen festgesetzt. Diese Festbeträge bilden Obergrenzen für die Erstattung durch die GKV. Daher gestalten die Hersteller dieser Arzneimittel die Preise meist so, dass sie auf oder unter dem Festbetrag liegen. Wenn die Preise aber höher als der Festbetrag sind, müssen die Patienten die Differenz zum Festbetrag als so genannte Aufzahlung erbringen. Von dieser Aufzahlung gibt es keine Ausnahmen und keine Befreiungen.

Sonderregeln für die GKV (Fortsetzung)

» Rabattverträge (siehe Kap. 8.2): Als zusätzliche Sparmaßnahme wurden im Jahr 2007 Rabattverträge eingeführt, die zwischen einzelnen Krankenkassen und Arzneimittelherstellern geschlossen werden. Darin werden Rabatte vereinbart, die die Hersteller an Krankenkassen gewähren, wenn in der Apotheke bestimmte Arzneimittel abgegeben werden. Im Unterschied zu den anderen Regeln gelten die Rabattverträge jeweils nur für die Versicherten der jeweiligen Krankenkasse und sie unterscheiden sich zwischen den verschiedenen Krankenkassen. Sofern der Arzt dem Austausch wirkstoffgleicher Produkte nicht durch Ankreuzen des Aut-idem-Feldes widerspricht, ist die Apotheke verpflichtet, Arzneimittel abzugeben, für die ein Rabattvertrag besteht. Einzelheiten zur Umsetzung der Rabattverträge sind in einem Rahmenvertrag zwischen den Krankenkassen und dem Deutschen Apothekerverband geregelt.

Lieferverträge: Für Produkte ohne gesetzliche Preisbindung und für Rezepturen, bei denen besondere vertragliche Regelungen zulässig sind, bestehen Lieferverträge zwischen den Krankenkassen und den Apothekerverbänden. Darin werden auch die Preise für solche Produkte vereinbart.

„Alte" Arzneimittelpreisverordnung

Nichtverschreibungspflichtige Arzneimittel sind grundsätzlich nicht zu Lasten der GKV verordnungsfähig. Von diesem Grundsatz ausgenommen sind Arzneimittel für Kinder und einige Wirkstoffe gemäß einer Ausnahmeliste (festgelegt durch den Gemeinsamen Bundesausschuss der Ärzte und Krankenkassen). Die Preise für diese Ausnahmen werden anhand der „alten" Arzneimittelpreisverordnung ermittelt, die bis Ende 2003 noch für alle apothekenpflichtigen Arzneimittel galt. Nach dieser Regelung werden auf Apothekeneinkaufspreise degressive Zuschläge erhoben, die von 68 Prozent (bei Einkaufspreisen bis 1,22 Euro) bis hinunter zu 8,263 Prozent (bei Einkaufspreisen ab 543,92 Euro) reichen. Die so ermittelten Preise sind in der Apotheken-EDV zu finden, obwohl sie nur für die genannten Ausnahmefälle gelten. Bei dieser Vorgehensweise steigen die Aufschläge der Apotheken bei zunehmenden Herstellerabgabepreisen, wenn auch nicht prozentual, aber doch in absoluten Beträgen. Wegen der deutlichen Abhängigkeit vom Einkaufspreis gilt diese „alte" Arzneimittelpreisverordnung heute nur noch in den genannten Ausnahmefällen.

Die gleiche Regelung wie für die nichtverschreibungspflichtigen Arzneimittel, die zu Lasten der GKV abgegeben werden, gilt als Preisbildung für alle **Tierarzneimittel**, also Arzneimittel, die ausdrücklich für die Anwendung an Tieren zugelassen sind. Allerdings sind die genannten Zuschläge bei Arzneimitteln für Tiere keine Festzuschläge, sondern **Höchstzuschläge**. In diesen Fällen dürfen die Apotheken also auch geringere Preise verlangen. Für Arzneimittel, die zur

Anwendung am Menschen zugelassen sind, aber ausnahmsweise von einem Tierarzt zur Anwendung an einem Tier verschrieben werden, gilt dagegen die gleiche Preisbildung wie bei der Anwendung am Menschen, allerdings mit der Ausnahme, dass die ermittelten Preise hier Höchstpreise und keine Festpreise sind.

Rezepturen

Auch die Preise für Rezepturen und für unverändert abgegebene Arznei- oder Hilfsstoffe werden aufgrund der Arzneimittelpreisverordnung berechnet. Allerdings gelten hier keine degressiven Zuschläge, sondern feste Zuschläge auf die Einkaufspreise der Ausgangsstoffe und Packmittel von 90 Prozent für Rezepturen und 100 Prozent für unveränderte Stoffe zuzüglich Arbeitspreise in Abhängigkeit von der Menge und Arzneiform der Rezeptur. Diese Preise sind Festpreise, auch wenn die hergestellten Arzneimittel nicht verschreibungspflichtig sind. Allerdings dürfen die GKV und die Apothekerverbände zur Belieferung von GKV-Versicherten Preise für Rezepturen vereinbaren, die von diesen Regelungen abweichen. Dies ist ein großer Unterschied zu den Preisen für Fertigarzneimittel.

Sonderfall Bücher

Neben den verschreibungspflichtigen Arzneimitteln bilden Bücher einen weiteren Sonderfall, weil ihre Preise gesetzlich gebunden sind. Der Händler muss vom Kunden den Preis verlangen, den der Verleger festgelegt hat, und kann nur entscheiden, ob er die Bücher überhaupt anbieten will. Üblicherweise deckt der Verkaufspreis der Bücher alle Kosten, die mit ihrer Lagerung und ihrem Verkauf verbunden sind, und ermöglicht zudem einen Gewinn. Doch sind lohnende Absatzmengen nur zu erwarten, wenn die Bücher gut präsentiert werden. Daher konkurrieren Bücher in Apotheken mit anderen Produkten, die ebenfalls nur mit guter Präsentation verkäuflich sind, um den Raum in der Freiwahl. So stellt sich aus der Sicht der Apotheken die Frage, welche Produkte in der Freiwahl die besten wirtschaftlichen Erfolge bringen. Dementsprechend sollte das Freiwahlsortiment (siehe Kap. 6.3) ausgewählt werden. Das betriebswirtschaftliche Hilfsmittel für diese Aufgabe ist das Konzept der Opportunitätskosten (siehe Kap. 5.4).

Kontrahierungszwang

Über die Preisbildung hinaus ist bei Apotheken eine weitere Besonderheit zu beachten: Für den Verkauf von Arzneimitteln gilt ein Kontrahierungszwang (lat. *contrahere* = zusammenziehen; hier im Sinne von: gemeinsam ein Geschäft abschließen). Das bedeutet, dass Apotheken verpflichtet sind, ärztliche Verordnungen auszuführen und die Arzneimittelversorgung zu übernehmen, auch wenn dies im Einzelfall nicht kostendeckend ist. Dies ist zugleich einer der Gründe für die Arzneimittelpreisverordnung, die angemessene Preise für verschreibungspflichtige Arzneimittel garantiert. Im Gegensatz zur Arzneimittelpreisverordnung gilt der **Versorgungsauftrag** der Apotheken und damit der Kontrahierungszwang für alle Arzneimittel, also auch für die nichtpreisgebundenen, nichtverschreibungspflichtigen Arzneimittel. Eine Auswahlentscheidung, nur bestimmte Produkte anzubieten, stellt sich hier also nicht in der Form wie in der Freiwahl, sondern nur in abgeschwächter Form. Denn der Kontrahierungszwang verlangt nur, alle Arzneimittelanforderungen zu beliefern, aber nicht alle Arzneimittel jederzeit vorrätig zu halten, zumal dies unmöglich wäre.

5.2 Freie Preisbildung

Neben den gesetzlich geregelten Preisen, die im Kapitel 5.1 vorgestellt wurden, werden alle weiteren Preise in der Apotheke frei, also ungebunden durch Gesetze, Verordnungen oder vertragliche Regelungen, ermittelt. Dabei ist die Frage nach dem betriebswirtschaftlich angemessenen Verkaufspreis zu stellen, die auf zwei verschiedenen Wegen beantwortet werden kann:

- ausgehend vom Einstandspreis und den Kosten des Unternehmens oder
- „vom Markt her“ – ausgehend vom Verhalten der Kunden und der Wettbewerber.

Beide Methoden werden in diesem Kapitel in ihren Grundzügen vorgestellt und in den nächsten Kapiteln ausführlich erklärt.

Vorwärts- oder Aufschlagskalkulation

Die Vorwärts- oder Aufschlagskalkulation beginnt mit dem **Einstandspreis** (siehe unten) der Ware. Darauf wird ein bestimmter Prozentsatz aufgeschlagen, der die Kosten des Unternehmens (hier: der Apotheke) und darüber hinaus einen Gewinnanteil ausdrücken soll. Anschließend wird die Mehrwertsteuer aufgeschlagen, das Ergebnis ist der Verkaufspreis. Dahinter steckt die Vorstellung, alle Kosten der Apotheke könnten in einem durchschnittlichen Prozentsatz vom Einkaufswert der Waren zusammengefasst werden. Was alles zu den Kosten einer Apotheke zählt und wie eine solche Kalkulation durchgeführt wird, wird im Kapitel 5.4 beschrieben. Vorab sei dazu nur so viel gesagt: Betriebswirtschaftlich ist diese Methode der Preisbildung kaum zu begründen, weil viele Kosten wie die Ausgaben für Miete, Heizung und Apothekenausstattung nicht von der Menge oder den Preisen der verkauften Produkte abhängen. Trotzdem ist die Methode sehr beliebt. Denn sie ist sehr einfach durchzuführen, wenn erst einmal ein Prozentsatz festgelegt wurde, der auf alle Einkaufspreise aufgeschlagen wird. Außerdem fügt sie sich gut in gewohnte Abläufe in Apotheken ein, weil die jahrzehntelang für apothekenpflichtige Arzneimittel gültige „alte" Arzneimittelmittelpreisverordnung nach diesem Prinzip (allerdings mit unterschiedlichen Prozentsätzen für verschiedene Einkaufspreise) funktioniert hat.

Einstandspreis

» Der Einkaufspreis abzüglich Einkaufsvergünstigungen und zuzüglich Nebenkosten der Lieferung wird Einstandspreis genannt (siehe Kap. 5.3).

Berechnung nach AMPreisV

» Die Aufschläge der Arzneimittelpreisverordnung (AMPreisV) beziehen sich nicht auf die Einstandspreise, sondern auf die in der EDV ausgewiesenen (Listen-)Einkaufspreise. Dies gilt sowohl für die „neue" Arzneimittelpreisverordnung für verschreibungspflichtige Arzneimittel als auch für die Aufschläge gemäß der „alten" Arzneimittelpreisverordnung.

Wege der Kalkulation

Neben der Vorwärts- oder Aufschlagskalkulation gibt es die Rückwärts- und die Differenzkalkulation. Dies sind aber nur andere Rechenwege, die den gleichen Zusammenhang betrachten. Das Wort „kalkulieren" (lat. *calculus* = Rechenstein) wird im „Duden" mit „(be)rechnen; veranschlagen; überlegen" übersetzt. In der Wirtschaft ist die „Kalkulation" die Ermittlung der Kosten, meist bei der Preisbildung. Bei der **Vorwärtskalkulation** wird vom Einstandspreis „herauf" ein angemessener Verkaufspreis, bei der **Rückwärtskalkulation** vom Verkaufspreis „herunter" ein höchstens akzeptabler Einstandspreis errechnet. Bei der **Differenzkalkulation** wird eine Differenz aus Verkaufs- und Einstandspreis ermittelt, die hinreichend groß sein muss, um die Kosten des Unternehmens zu decken. Diese Differenz wird in Handelsunternehmen (also auch in Apotheken) üblicherweise als **Rohgewinn** oder **Rohertrag** bezeichnet. Hinter allen diesen Rechenwegen steckt immer die gleiche Grundidee, dass jeder Warenverkauf zur Deckung der im Unternehmen anfallenden Kosten beitragen muss. Dazu werden stets der Einstandspreis, die Kosten und der geforderte Verkaufspreis betrachtet, unterschiedlich sind nur die Rechenwege.

Marktorientierte Preisbildung

Dagegen verfolgt die marktorientierte Preisbildung einen ganz anderen Denkansatz. Als Betrachtung „vom Markt her" passt sie viel besser in die Marktwirtschaft. In der Theorie funktioniert das so: Der Händler versucht, möglichst hohe **Deckungsbeiträge** zu erzielen. Der Deckungsbeitrag aus dem Verkauf einer Ware ist der erzielte Verkaufspreis abzüglich des Einstandspreises und abzüglich der Kosten, die der betreffenden Ware unmittelbar zuzurechnen sind. Wenn diese Kosten bekannt wären, könnte für jeden Verkaufspreis ermittelt werden, welcher Deckungsbeitrag sich pro Packung ergibt. Die Bezeichnung Deckungsbeitrag bedeutet, dass das verkaufte Produkt damit einen Beitrag leistet, um diejenigen Kosten des Unternehmens zu decken, die dem Produkt selbst nicht unmittelbar zuzurechnen sind. Denn letztlich müssen alle Kosten gedeckt und darüber hinaus ein Gewinn erwirtschaftet werden, damit das Unternehmen erfolgreich ist.

Außerdem sollte bekannt sein, wie viele Packungen sich verkaufen lassen, wenn ein Produkt zu einem bestimmten Preis angeboten wird. Dieser Zusammenhang wird als **„Preis-Absatz-Funktion"** bezeichnet (siehe Kap. 5.5), weil sie eine Beziehung zwischen dem Preis und der verkauften Menge („Absatz") darstellt. Wenn alle diese Zusammenhänge bekannt wären, ließe sich für jeden Preis das Produkt aus der verkauften Menge und dem Deckungsbeitrag pro Packung, also der gesamte Deckungsbeitrag aller verkauften Packungen, ermitteln. Dann ließe sich erkennen, bei welchem Preis der höchste Deckungsbeitrag zu erzielen wäre. Das wäre aus Sicht des Händlers der beste Preis. Doch die vielen Konjunktive in dieser Beschreibung deuten es schon an: Das gelingt leider nur in der Theorie. Denn weder die Kosten noch die Preis-Absatz-Funktion lassen sich genau bestimmen. Außerdem ändern sie sich ständig, weil die Kunden immer wieder anders auf die Preise reagieren und andere Apotheken ihre Preise ändern.

Die Preisbildung „vom Markt her" bedeutet daher in der Praxis, die Kunden und die anderen Apotheken in der Nachbarschaft zu beobachten, einzelne Preise zu verändern oder auf Preisänderungen der Wettbewerber zu reagieren, wenn dies nötig ist. Die entscheidenden Unterschiede zur Preisbildung durch Vorwärts-, Rückwärts- oder Differenzkalkulation sind:

- Es gibt keine einheitliche Handlungs- oder Rechenregel zur Preisbildung „vom Markt her".

- Die wichtigsten Anhaltspunkte für die Preisbildung „vom Markt her" ergeben sich nicht aus der Arbeit der einzelnen Apotheke, sondern „von außen" aus der Reaktion der Kunden und den Preisen anderer Apotheken.

Unverbindliche Preisempfehlungen

Ein weiterer Aspekt der Preisbildung „vom Markt her" sind die unverbindlichen Preisempfehlungen der Hersteller. Angesichts der vielen schwer überschaubaren Einflüsse auf die Preisbildung wollen die Hersteller den Händlern damit eine Orientierung bieten, verfolgen aber auch eigene Interessen. Üblicherweise sind diese Preisempfehlungen so bemessen, dass der Verkauf der Ware für den Händler zu diesem Preis lohnend ist und ein Gewinn erwirtschaftet werden kann, sofern das Unternehmen keine außergewöhnlich hohen Kosten hat. Ob die Marktsituation allerdings erlaubt, zu diesem Preis nennenswerte Mengen verkaufen zu können, kann der Händler in seinem jeweiligen Umfeld nur selbst beurteilen oder ausprobieren. Immerhin bieten unverbindliche Preisempfehlungen eine Orientierung, wenn mit dem betreffenden Produkt noch keine ausreichenden Erfahrungen gemacht wurden.

Für Apotheken kommt noch eine besondere Bedeutung der unverbindlichen Preisempfehlungen hinzu. Bei vielen Produkten entsprechen diese Empfehlungen den Preisen, wie sie sich nach den Regeln der „alten" Arzneimittelpreisverordnung ergeben würden. Diese Regeln gelten weiterhin für Verordnungen zu Lasten der GKV, wenn diese ausnahmsweise solche Arzneimittel bezahlt (siehe Kap. 5.1).

Tipp für die Praxis

Die Preisbildung „vom Markt her" ist in der Praxis eine Mischung aus der Beobachtung der Kunden und der anderen Apotheken oder sonstigen Wettbewerbern, einer Orientierung an unverbindlichen Preisempfehlungen und eigenen Überlegungen aufgrund der jeweiligen Wettbewerbssituation. Gerade in Apotheken mit ihrem großen Sortiment erscheint es zudem sinnvoll, bei verschiedenen Produkten unterschiedlich vorzugehen (siehe Kap. 5.6). Artikel, die nur wenige Male im Jahr einzeln bestellt werden, verdienen weniger Beachtung als gängige Produkte in der Sicht- oder Freiwahl.

Achtung Kartellrecht

Wie die vielfältigen Überlegungen zur Preisbildung in einer Apotheke umgesetzt werden, inwieweit dafür überhaupt Regeln aufgestellt werden und welche Preisbildungen stets im Ermessen des Chefs liegen, bleibt eine Entscheidung jedes Apothekenleiters. Das Kartellgesetz fordert, dass jeder Unternehmer dies frei entscheidet. Absprachen mit anderen Unternehmern dürfen darüber nicht getroffen werden. Auch Vereinbarungen über das Einhalten der unverbindlichen Preisempfehlungen und sogar die Absichtserklärung, sich an diese Empfehlungen halten zu wollen, sind gegenüber Wettbewerbern kartellrechtlich verboten. Jede Art von Absprachen kann mit hohen Geldbußen bestraft werden, sogar wenn es nur um die unverbindlichen Preisempfehlungen geht. Denn zu den Grundregeln der Marktwirtschaft gehört, dass die Unternehmer im Wettbewerb stets darüber im Unklaren sein sollen, nach welchen Regeln andere Unternehmer ihre Preise bilden. Darum müssen auch Mitarbeiter die Regeln zur Preisbildung, die in „ihrer" Apotheke angewendet werden, als Betriebsgeheimnis behandeln, wenn sie mit Mitarbeitern anderer Apotheken sprechen.

Aufschlag und Spanne

Unabhängig davon, wie der Verkaufspreis ermittelt wird, drücken die Begriffe Spanne und Aufschlag wesentliche Zusammenhänge der Preisbildung aus. Sie haben darüber hinaus für gesetzlich geregelte Preise große Bedeutung, weil die Vorschriften zur Preisbildung in der Arzneimittelpreisverordnung mithilfe des Begriffes Aufschlag ausgedrückt werden.

Die Differenz zwischen Verkaufspreis und Einstandspreis wird als **Rohertrag** oder als (absolute) Spanne bezeichnet. Meist ist mit dem Begriff „Spanne" aber die relative Spanne (auch: Handelsspanne) gemeint. Dies ist die Differenz zwischen Verkaufs- und Einstandspreis in Prozent vom Verkaufspreis, also:

$$\text{Spanne (in \%)} = \frac{(\text{Verkaufspreis} - \text{Einstandspreis}) \cdot 100\%}{\text{Verkaufspreis}}$$

Diese Differenz kann auch in Prozent vom Einstandspreis ausgedrückt werden und wird dann Aufschlag genannt, also:

$$\text{Aufschlag (in \%)} = \frac{(\text{Verkaufspreis} - \text{Einstandspreis}) \cdot 100\%}{\text{Einstandspreis}}$$

Dabei sind alle Preise jeweils ohne Mehrwertsteuer zu verstehen.

(Relative) Spanne und Aufschlag bezeichnen den gleichen Betrag, werden aber auf unterschiedliche Größen bezogen. Da der Verkaufspreis größer als der Einstandspreis sein muss, ist die Spanne stets ein kleinerer Prozentsatz als der Aufschlag.

Für die Anwendung in der Praxis ist es teilweise hilfreich, die Formel für den Aufschlag so aufzulösen, dass aus dem Einstandspreis und dem Aufschlag der Verkaufspreis errechnet werden kann. In dieser Darstellung lautet die Formel:

$$\text{Verkaufspreis} = \frac{\text{Einstandspreis} \cdot (100\% + \text{Aufschlag (in \%)})}{100\%}$$

Dabei sind alle Preise jeweils ohne Mehrwertsteuer zu verstehen.

Mehrwertsteuer

Bei den bisherigen Betrachtungen wurde die Mehrwertsteuer nicht berücksichtigt, aber die Apotheke muss Verkaufspreise einschließlich Mehrwertsteuer verlangen. Die Mehrwertsteuer ist eine auf die Verkaufspreise bezogene Steuer mit einem **„Vorsteuerabzug"**. Dies führt zu folgendem Ablauf: Die Apotheke erhält von den Kunden (auch von den Krankenversicherungen) die Warenpreise zuzüglich Mehrwertsteuer und zahlt ihrerseits an ihre Lieferanten die in Rechnung gestellten Beträge zuzüglich Mehrwertsteuer. An das Finanzamt zahlt die Apotheke die von den Apothekenkunden erhaltenen Mehrwertsteuerbeträge abzüglich der Mehrwertsteuerbeträge, die sie selbst an ihre Lieferanten gezahlt hat. Dieser Abzug der gezahlten Mehrwertsteuer wird als Vorsteuerabzug bezeichnet. Im Ergebnis stellen die eingenommenen Mehrwertsteuern für die Apotheke keinen Vorteil und die gezahlten Mehrwertsteuern keinen Nachteil dar, weil die Differenz in jedem Fall an das Finanzamt gezahlt wird. Nur die Endverbraucher werden durch die Mehrwertsteuer belastet. Die Mehrwertsteuer bleibt daher bei allen Überlegungen zur Preisbildung zunächst unberücksichtigt und wird erst im letzten Schritt aufgeschlagen.

In vielen kaufmännischen Betrachtungen, bei denen die Mehrwertsteuer eine Rolle spielt, ist von **Brutto- und Nettobeträgen** die Rede. In diesem Zusammenhang sind Nettobeträge gleichbedeutend mit Beträgen ohne Mehrwertsteuer (MwSt.), während Bruttobeträge die Mehrwertsteuer enthalten. Für die Berechnung gilt:

$$\text{Verkaufspreis mit MwSt.} = \frac{\text{Verkaufspreis ohne MwSt.} \cdot (100\% + \text{MwSt.-Satz (in \%)})}{100\%}$$

Der Mehrwertsteuersatz für die weitaus meisten Waren und Dienstleistungen beträgt im Jahr 2008 in Deutschland 19 Prozent. Dies betrifft auch Arzneimittel. Für einige andere Produkte gilt dagegen der ermäßigte Mehrwertsteuersatz von 7 Prozent, beispielsweise für Lebensmittel, Bücher und Schnittblumen. In fast allen anderen Ländern der Europäischen Union gelten für Arzneimittel ermäßigte Mehrwertsteuersätze oder es wird gar keine Mehrwertsteuer auf Arzneimittel erhoben. Daher fordern die Apothekerorganisationen in Deutschland seit Jahrzehnten, auch in Deutschland den ermäßigten Mehrwertsteuersatz auf Arzneimittel anzuwenden. Damit könnte die GKV deutlich entlastet werden, und auch die selbstzahlenden Patienten würden profitieren. Zumindest bis zum Jahr 2008 blieben diese Forderungen jedoch ungehört. So kommt es zu der sonderbaren Situation, dass der Staatshaushalt von den Mehrwertsteuerzahlungen der GKV auf Arzneimittel profitiert, während viele Politiker zugleich immer wieder die hohen Arzneimittelausgaben der GKV beklagen und Sparmaßnahmen fordern, die oft auch zu Lasten der Apotheken durchgeführt wurden.

Mit dem Mehrwertsteuersatz von 19 Prozent kann die obige Formel für die Mehrwertsteuer auch so ausgedrückt werden:

Verkaufspreis mit MwSt. = Verkaufspreis ohne MwSt. · 1,19

Umsatz

Im Zusammenhang mit Verkaufspreisen und Einstandspreisen wurden hier bisher meist Preise pro Packung betrachtet. Wenn der Verkaufspreis einer einzelnen Packung mit der Anzahl der verkauften Packungen multipliziert wird, ergibt dies den Umsatz, also:

Umsatz = Verkaufte Menge · Verkaufspreis (pro Packung)

Der Umsatz wird in Geldeinheiten, also Euro angegeben. Manchmal wird aber auch von der Zahl der umgesetzten Packungen gesprochen, dies ist dann der **Stückumsatz**, der vom **Wertumsatz** zu unterscheiden ist (Beispiele für solche Betrachtungen bieten die Tab. 2.2 bis 2.4 im Kap. 2.2). Wenn der (wertmäßige) Umsatz nach der obigen Formel aus dem Verkaufspreis ohne Mehrwertsteuer berechnet wird, wird das Ergebnis als **Nettoumsatz** bezeichnet. Wenn der Umsatz aus dem Verkaufspreis mit Mehrwertsteuer berechnet wird, ergibt sich der **Bruttoumsatz**, der die Mehrwertsteuer enthält.

Der Umsatz ist besonders dann interessant, wenn nicht nur ein Produkt, sondern viele Artikel mit unterschiedlichen Preisen betrachtet werden. Darum ist gerade in Handelsunternehmen mit einem umfangreichen Sortiment verschiedenster Waren der Umsatz eine wichtige Größe zur Bewertung des Unternehmens. Für Apotheken hat die Bedeutung des Umsatzes jedoch durch die Einführung der Arzneimittelpreisverordnung von 2004 stark abgenommen, weil die Anzahl der verkauften Packungen bei dieser Preisbildung für den Apothekenerfolg viel wichtiger als ihr Wert ist. Der Umsatz mit nicht preisgebundenen Produkten ist aber weiterhin eine wichtige betriebswirtschaftliche Größe zur Beschreibung des Erfolgs einer Apotheke.

Deckungsbeitrag und Rohgewinn

Der Deckungsbeitrag ist – wie bereits erwähnt – der erzielte Verkaufspreis einer Ware abzüglich des Einstandspreises und abzüglich der Kosten, die dieser Ware unmittelbar zuzurechnen sind. Jedes verkaufte Produkt soll einen Beitrag zur Deckung der Kosten leisten, die dem einzelnen Produkt nicht unmittelbar zugeordnet werden können, damit alle Kosten gedeckt werden und letztlich ein Gewinn verbleibt. Eine solche Betrachtung bietet sich besonders in Produktionsunternehmen an, bei denen immerhin ein Teil der Kosten unmittelbar einem Produkt zugerechnet werden kann.

In Handelsunternehmen – und damit auch in Apotheken – ist aber nur schwer zu ermessen, welche Kosten einem bestimmten Produkt unmittelbar zuzurechnen sind. Daher wird in solchen Unternehmen anstelle des Deckungsbeitrags meist der Rohgewinn, also die Differenz aus Verkaufs- und Einstandspreis, betrachtet. Wenn sich die Betrachtung auf einzelne Packungen bezieht, wird diese Differenz aus Verkaufs- und Einstandspreis auch als **Stücknutzen** bezeichnet.

Wenn nicht nur von einem einzelnen verkauften Produkt, sondern von der Geschäftstätigkeit insgesamt gesprochen wird, lässt sich der Rohgewinn nach folgender Formel ausdrücken:

Rohgewinn = Umsatz (einschließlich MwSt.) – MwSt. – Wareneinsatz

Der **Wareneinsatz** sind dabei alle verkauften Produkte, die mit ihren Einstandspreisen (siehe Kap. 5.3) bewertet werden. Hinter dieser Ermittlung des Rohgewinns, der auch Rohertrag oder Rohergebnis genannt wird, steht die gleiche Logik wie in der Gewinn- und Verlust-Rechnung (siehe Kap. 4.4). Dort wird die Geschäftstätigkeit eines ganzen Jahres betrachtet, hier dagegen nur ein Ausschnitt, aber immer geht es um die Differenz aus den erzielten Umsätzen und den im Einkauf für die Waren aufgewendeten Beträge.

5.3 Einstandspreis und Einkaufsvergünstigungen

Voraussetzung für jede Kalkulation eines Verkaufspreises ist die Information, zu welchem Preis die Ware eingekauft wurde, also der Einstandspreis. Der Einstandspreis ist der Einkaufspreis unter Berücksichtigung aller Einkaufsvorteile und Nebenkosten der Lieferung. In Angebotslisten von Lieferanten oder in der Apotheken-EDV werden stets Einkaufspreise der Apotheken genannt, die aber nicht immer tatsächlich an die Lieferanten gezahlt werden, denn die Lieferanten können **Einkaufsvergünstigungen** gewähren. Dies ist ein Sammelbegriff für Rabatte, Boni (Einzahl: Bonus) und Skonti (Einzahl: Skonto). Andererseits können die Lieferanten zusätzlich zu den Einkaufspreisen Nebenkosten der Lieferung berechnen. Die Einkaufsvergünstigungen mindern den Einstandspreis gegenüber dem ausgewiesenen Einkaufspreis, während die **Nebenkosten der Lieferung** den Einstandspreis erhöhen.

Rabatte

Ein Rabatt ist ein Preisnachlass, der den Rechnungsbetrag des Lieferanten vermindert. Folglich sinkt der Einstandspreis. Rabatte können für eine ganze Rechnung oder getrennt für einzelne Positionen (verschiedene Produkte) und in verschiedenen Formen gewährt werden:

- in Prozent vom Rechnungsbetrag oder vom zuvor ausgewiesenen Preis einer Position,
- als absoluter Betrag in Euro (selten) oder
- als Anzahl von Packungen, die zusätzlich geliefert werden, wenn eine bestimmte Anzahl von Packungen bezahlt wird („Naturalrabatt").

Zur Unterscheidung vom **Naturalrabatt** werden die beiden erstgenannten Formen **Barrabatt** genannt, weil sie unmittelbar zu einer Verringerung des Rechnungsbetrages führen. Die häufigste Form ist die Berechnung mit Rabatten in Prozent. Dabei gilt:

$$\text{Einstandspreis pro Packung} = \frac{\text{Einkaufspreis pro Packung} \cdot (100\% - \text{Rabatt (in \%)})}{100\%}$$

Meist kommen in einer Lieferantenrechnung mehrere Einkaufsvergünstigungen oder auch Nebenkosten der Lieferung zusammen.

Naturalrabatte

Bei der Gewährung von Naturalrabatten wird für eine bestimmte Zahl von Packungen der ausgewiesene Einkaufspreis in Rechnung gestellt und zusätzlich werden weitere Packungen (oder auch nur eine weitere Packung) ohne Berechnung geliefert. So bedeutet beispielsweise „9 plus 1", dass neun Packungen berechnet und zehn Packungen geliefert werden. Bei der Lieferung ist nicht zuzuordnen, welche Packung berechnet wurde und welche nicht. Dies ist wirtschaftlich uninteressant, weil alle Packungen gleich sind. Für die Preisbildung interessiert der durchschnittliche Einstandspreis aller Packungen. Dabei gilt:

$$\text{Einstandspreis pro Packung} = \frac{\text{Einkaufspreis pro Packung} \cdot \text{Berechnete Menge}}{\text{Gelieferte Menge}}$$

Naturalrabatt und Barrabatt haben wirtschaftlich die gleichen Folgen. Beide vermindern den Einstandspreis der gekauften Waren. Ein Naturalrabatt lässt sich immer in einen Barrabatt umrechnen, der den Einstandspreis der Ware um den gleichen Betrag vermindert. Im genannten Beispiel beträgt der Einstandspreis neun Zehntel des Einkaufspreises. Der Einkaufspreis wird damit um zehn Prozent gemindert. Demnach entspricht der gewährte Naturalrabatt einem Barrabatt von zehn Prozent. Allgemein gilt:

$$\text{Entsprechender Barrabatt (in \%)} = \frac{(\text{Gelieferte Menge} - \text{Berechnete Menge}) \cdot 100\%}{\text{Gelieferte Menge}}$$

Obwohl sich beide Rabattformen ineinander umrechnen lassen, dürfen für apothekenpflichtige Arzneimittel keine Naturalrabatte, wohl aber Barrabatte gewährt werden (siehe unten).

Skonti

Das Skonto ist ein Spezialfall des Rabattes, der als Gegenleistung für eine besonders schnelle Bezahlung gewährt wird. Wenn innerhalb der vom Lieferanten gesetzten Skontofrist bezahlt wird, darf das Skonto vom Rechnungsbetrag abgezogen werden. Üblich sind Prozentsätze von weniger als einem bis zu drei Prozent des Rechnungsbetrages.

In diesem Zusammenhang ist auch zu fragen, wann eine Rechnung „fällig wird", also zu zahlen ist. Dies wird als **Valuta** bezeichnet, womit entweder das Datum der Fälligkeit oder die Zeitspanne zwischen Lieferung der Ware und

Fälligkeit der Rechnung gemeint sein kann. Die Gewährung einer langen Valuta, also einer langen Zahlungsfrist ohne Nachteile bei der Höhe des Rechnungsbetrages ist auch eine Form der Einkaufsvergünstigung. Denn der Zahlungspflichtige spart so Zinsen für die Finanzierung des Rechnungsbetrages oder kann das Geld zwischenzeitlich zinsbringend anlegen. Wenn bei einer Rechnung eine solche Valuta eingeräumt wird, kann bei Zahlung am Ende der Valutafrist auch noch ein etwaiges Skonto abgezogen werden. Denn die Rechnung ist insgesamt so zu behandeln, als wäre sie erst am Ende der Valutafrist ausgestellt worden.

Tipp für die Praxis

Ob es sich für einen Zahlungspflichtigen lohnt, eine Rechnung frühzeitig zu bezahlen und das Skonto abzuziehen, hängt davon ab, wann die Rechnung anderenfalls bezahlt werden müsste und zu welchen Finanzierungsbedingungen er sich das Geld beschaffen kann oder es anlegen könnte. Als Vergleich für die Inanspruchnahme des Skontos ist demnach ein Kontokorrentkredit oder eine kurzfristige Anlagemöglichkeit heranzuziehen. Bei einem solchen Vergleich von Kredit oder Geldanlage mit dem Skonto muss beachtet werden, dass sich das Skonto auf die Zeit zwischen der Fälligkeit mit oder ohne Skonto bezieht, andere Zinssätze dagegen stets auf ein Jahr. Die Beispielrechnungen (siehe am Ende von Kap. 5.3) verdeutlichen die Vorgehensweise bei solchen Vergleichen. Bei den allermeisten Skontobedingungen lohnt es sich für den Zahlungspflichtigen, das angebotene Skonto abzuziehen.

Boni und andere Sonderrabatte

Manchmal wird ein Rabatt auch als Bonus (lat. *bonus* = gut) bezeichnet oder es werden andere fantasievolle Wortschöpfungen wie Sonderrabatt oder Jubiläumsrabatt gewählt. Dies sind alles Rabatte, wie sie oben beschrieben wurden. Mit den besonderen Bezeichnungen sollen Rabatte unterschieden werden, die aus verschiedenen Anlässen gewährt werden, beispielsweise bei großen Aufträgen oder zu bestimmten Zeiten. Dabei gibt es keine feststehenden Begriffe, sondern es kommt auf die jeweiligen Vereinbarungen an. Manchmal werden Boni als absolute Geldbeträge festgelegt. Dann müssen sie auf alle Rechnungspositionen anteilig nach ihrem Einkaufspreis verteilt werden, wenn der Einstandspreis ermittelt werden soll.

Nebenkosten der Lieferung

Ebenso unterschiedlich sind die Bedingungen der Lieferanten hinsichtlich der Nebenkosten der Lieferung. Einige Lieferanten stellen außer den Preisen für die gelieferten Waren vielfältige Nebenkosten in Rechnung, beispielsweise für den Versand, die Verpackung oder die Transportversicherung. Bei manchen

Lieferanten werden diese Nebenkosten nicht in Rechnung gestellt, wenn der Rechnungsbetrag einen bestimmten Mindestbetrag übersteigt. Wenn sich solche Kosten auf eine ganze Lieferung beziehen, müssen sie auf alle Rechnungspositionen anteilig nach ihrem Einkaufspreis verteilt werden, wenn der Einstandspreis ermittelt werden soll.

Vom pharmazeutischen Großhandel wurden solche Nebenkosten bis zum Jahr 2008 nur selten in Rechnung gestellt, doch wurden 2008 von einigen pharmazeutischen Großhändlern solche Rechnungspositionen eingeführt. Die Großhändler verwenden dafür sehr unterschiedliche Begriffe wie beispielsweise Herstellerbezugsausgleich, Leistungsbeitrag oder Grundbetrag. Manche Großhändler erheben feststehende Pauschalbeträge pro Apotheke und Monat, während die Beträge bei anderen Großhändlern vom Umsatz der Lieferungen abhängen, teilweise mit einem monatlichen Höchstbetrag für die Nebenkosten. Auch solche Beträge müssen bei einer genauen Ermittlung der Einstandspreise berücksichtigt werden. Sie müssen dann auf alle Lieferungen des Großhändlers im Laufe eines Monats im Verhältnis zum jeweiligen Einkaufspreis der gelieferten Waren verteilt werden.

Berechung des Einstandspreises

Letztlich ergibt sich folgende Rechnung: Der Einkaufspreis abzüglich aller Einkaufsvergünstigungen und zuzüglich aller in Rechnung gestellten Nebenkosten der Lieferung (anteilig verteilt auf alle gelieferten Produkte) ergibt den Einstandspreis des gekauften Produktes. Wenn für ein Produkt mehrere Einkaufsvergünstigungen zu berücksichtigen sind, wird die Formel für die Berechnung des Einstandspreises mehrmals hintereinander angewendet. Das Ergebnis für den Einstandspreis nach Berücksichtigung der ersten Einkaufsvergünstigung bildet die Ausgangsgröße für die nächste Rechnung und so weiter. Wenn auf einer Rechnung nur Packungen eines Produktes berechnet werden, entspricht der Einstandspreis dem Rechnungsbetrag (ohne Mehrwertsteuer) dividiert durch die Anzahl der gelieferten Packungen. Die Rechnung wird komplizierter, wenn verschiedene Einkaufsvergünstigungen für einzelne Artikel, für eine ganze Lieferung oder für alle Lieferungen eines Lieferanten in einem bestimmten Zeitraum gewährt werden. Der Einstandspreis muss stets für jeden einzelnen Artikel bestimmt werden, wenn er als Grundlage für spätere Preisberechnungen dienen soll. In den Abbildungen 5.2 und 5.3 wird diese Vorgehensweise an einem Beispiel erläutert.

ABCD-Kosmetik GmbH
Musterstraße 2
12345 Musterstadt

Tel. 0123 / 4567
www.abcd-kosmetik-muster.de
Musterstadt, den 1. 12. 2008

An die
PTAheute-Apotheke
Apothekengasse 1

23456 Musterhausen

Warenrechnung Nr. 1234/2008
Lieferung Nr. 2345/2008

Aufgrund unserer Lieferung vom heutigen Tage stellen wir in Rechnung:

10 Packungen	ABCD-Softcreme 50 g à 8,00 €		80,00 €
20 Packungen	ABCD-Softlotio 100 ml à 12,00 €		240,00 €
4 Packungen	ABCD-Softlotio 100 ml – Naturalrabatt		ohne Berechnung
Zwischensumme			320,00 €
abzüglich 10% Rabatt		–	32,00 €
abzüglich Weihnachtsbonus		–	30,00 €
zuzüglich Versandpauschale			10,00 €
Zwischensumme: Netto-Rechnungsbetrag			268,00 €
zuzüglich 19% Mehrwertsteuer			50,92 €
Brutto-Rechnungsbetrag			**318,92 €**

Zahlungsziel: 30 Tage
Bei Zahlung innerhalb von 14 Tagen gewähren wir 2% Skonto.

Bitte überweisen Sie den Rechnungsbetrag auf unser folgendes Konto:
Konto-Nr. 4444, Sparkasse Musterstadt, Bankleitzahl 100 100 00

ABCD-Kosmetik GmbH
Steuer-Nr. 1234567890 – Finanzamt Musterstadt
Handelsregister 55555 beim Amtsgericht Musterstadt
Geschäftsführer: Karla Muster, Anton Muster

Abb. 5.2: Schematische Darstellung der wesentlichen Preisdaten einer Warenrechnung

Die Einstandspreise hängen davon ab, ob der Skontoabzug in Anspruch genommen wird.

Zu den Einkaufskonditionen zählen zwei Bedingungen, die nicht als Prozentsätze ausgedrückt werden: der Weihnachtsbonus (30 € Vergünstigung) und die Versandpauschale (10 € Belastung). Diese ergeben zusammen eine Vergünstigung von 20 €. Dieser Betrag muss auf die beiden Rechnungspositionen im Verhältnis ihres Wertes umgelegt werden. Die Zwischensumme vor Rabattabzug (320 €) teilt sich im Verhältnis 80 € zu 240 € auf die beiden Kosmetikprodukte auf. Dementsprechend ist die Vergünstigung von 20 € im gleichen Verhältnis, also 5 € zu 15 €, auf die beiden Produkte aufzuteilen.

Einstandspreis ABCD-Softcreme 50 g
Listen-Einkaufspreis pro Packung = 8,00 €
Absolute Einkaufsvergünstigung: $\frac{5\text{ €}}{10\text{ Packungen}}$ = 0,50 € pro Packung
8,00 € · (100% – 10%) = 7,20 €
7,20 € – 0,50 € = 6,70 € Einstandspreis ohne Skontoabzug
6,70 € · (100% – 2%) = 6,57 € Einstandspreis mit Skontoabzug (letzte Stelle gerundet)

Einstandspreis ABCD-Softlotio 100 ml
Listen-Einkaufspreis pro Packung = 12,00 €
Absolute Einkaufsvergünstigung: $\frac{15\text{ €}}{24\text{ Packungen}}$ = 0,63 € pro Packung (letzte Stelle gerundet)
12,00 € · $\frac{20}{24}$ = 10,00 € Einstandspreis unter Berücksichtigung des Naturalrabattes ohne sonstige Einkaufsvergünstigungen
10,00 € · (100% – 10%) = 9,00 €
9,00 € – 0,63 € = 8,37 € Einstandspreis ohne Skontoabzug (letzte Stelle gerundet)
8,37 € · (100% – 2%) = 8,20 € Einstandspreis mit Skontoabzug (letzte Stelle gerundet)

Abb. 5.3: Ermittlung der Einstandspreise anhand der Preisdaten aus Abb. 5.2

Gesetzliche Rabattbeschränkungen für Arzneimittel

Rabatte für Arzneimittel können nicht beliebig gewährt werden, sondern nur im Rahmen der Beschränkungen des Arzneimittelversorgungs-Wirtschaftlichkeitsgesetzes (AVWG), das seit dem 1. Mai 2006 gilt. Daraus ergeben sich folgende Regelungen:

- Für apothekenpflichtige Arzneimittel sind alle Naturalrabatte unzulässig. Die Unterscheidung zwischen Natural- und Barrabatten ist nur politisch zu erklären. Denn in wirtschaftlicher Hinsicht sind dies nur verschiedene Berechnungsweisen für den gleichen Vorgang.
- Die Barrabatte, die die Großhändler den Apotheken für verschreibungspflichtige Arzneimittel gewähren, dürfen höchstens so groß sein wie die Differenz zwischen dem ausgewiesenen Apothekeneinkaufspreis und dem ausgewiesenen Einkaufspreis des Großhandels. Diese Differenz hängt vom Preis des Arzneimittels ab und ergibt sich aus den Vorschriften der Arzneimittelpreisverordnung für die Preisbildung der Großhändler.

- Meist wird das Gesetz so interpretiert, dass diese Beschränkung der Barrabatte für verschreibungspflichtige Arzneimittel auch bei Direktlieferungen der Hersteller an Apotheken entsprechend anzuwenden ist.

Skonti, deren Höhe angesichts der schnellen Zahlung als angemessen gilt, sind von diesen Beschränkungen nicht betroffen. Für nicht apothekenpflichtige Arzneimittel und für alle Produkte, die keine Arzneimittel sind, gibt es keine derartigen Beschränkungen. Welche Folgen diese Regelungen für Rabatte der Apotheken an Kunden haben, wird im Kapitel 5.6 dargestellt.

Beispielrechnungen zu Einkaufsvergünstigungen und zu den Themen Aufschlag und Spanne

Für die Beispiele gelten folgende Abkürzungen:
Einstandspreis pro Packung: EP (in €)
Ausgewiesener Einkaufspreis pro Packung: EK (in €)
Verkaufspreis pro Packung: VK (in €)
Alle Preise sind jeweils ohne Mehrwertsteuer gemeint, soweit nicht ausdrücklich anders angegeben.

Beispiel 5.1
Ein nichtverschreibungspflichtiges Arzneimittel hat einen ausgewiesenen Einkaufspreis von 120 € pro Packung. Es wird ein Barrabatt von 3% gewährt. Wie hoch ist der Einstandspreis pro Packung?

Beispiel 5.2
Für das Arzneimittel aus Beispiel 5.1 wird nach Abzug des genannten Barrabattes zusätzlich ein Skonto von 1% gewährt. Wie hoch ist dann der Einstandspreis pro Packung?

Beispiel 5.3
Ein Kosmetikum hat einen ausgewiesenen Einkaufspreis von 10 €. Bei 8 bestellten Packungen wird ein Naturalrabatt von 2 Packungen gewährt. Wie hoch ist der Einstandspreis pro Packung bei einer Lieferung von 10 Packungen? Wie hoch ist der entsprechende Barrabatt?

Beispiel 5.4
Für das Kosmetikum aus Beispiel 5.3 wird zusätzlich zu dem genannten Naturalrabatt ein Skonto von 2% gewährt. Wie hoch ist dann der Einstandspreis pro Packung?

Beispiel 5.5
Ein nichtverschreibungspflichtiges Arzneimittel mit einem Einstandspreis von 40 € hat eine unverbindliche Preisempfehlung von 61,88 € einschließlich Mehrwertsteuer (19%). Wie hoch sind der empfohlene Verkaufspreis ohne Mehrwertsteuer, der Rohertrag, die Spanne und der Aufschlag bei diesem Verkaufspreis?

Beispiel 5.6
Ein nichtverschreibungspflichtiges Arzneimittel mit einem Einstandspreis von 50 € soll mit einem Aufschlag von 30% verkauft werden. Wie hoch sind der Verkaufspreis ohne Mehrwertsteuer, der Verkaufspreis mit Mehrwertsteuer (19%), der Rohertrag und die Spanne?

Lösungen siehe Anhang 1.

Beispielrechnungen zum Vergleich von Skonto und Kontokorrentkredit

Beispiel 5.7
Eine Apotheke erhält die Rechnung eines Lieferanten über 2.000 €. Das Zahlungsziel ohne Abzug von Skonto beträgt 3 Monate, bei Zahlung innerhalb von einem Monat gewährt der Lieferant 2% Skonto. Der Apotheker wird während dieser Zeit jeweils in geringer Höhe seinen Kontokorrentkredit in Anspruch nehmen, weil seine Liquiditätslage nach einem Umbau belastet ist. Der Rechnungsbetrag müsste daher für 2 Monate über den Kontokorrentkredit finanziert werden, für den die Bank 10% Zinsen pro Jahr verlangt. Ist es vorteilhaft, das Skonto abzuziehen und die Rechnung nach einem Monat zu bezahlen?

Beispiel 5.8
Eine andere Apotheke erhält eine Rechnung mit den gleichen Zahlungsbedingungen wie im Beispiel 5.7, aber diese Apotheke ist schuldenfrei. Eine Bank bietet dem Apotheker an, zeitweilig nicht benötigte Gelder zu 4% pro Jahr verzinst anzulegen und jederzeit darüber verfügen zu können. Ist es für diese Apotheke vorteilhaft, das Skonto abzuziehen?

Lösungen siehe Anhang 1.

5.4 Kostenrechnung als Kalkulationsgrundlage

Wenn der Einstandspreis bekannt ist, müssen als nächste Größe für die Preiskalkulation die Kosten des Unternehmens, hier also der Apotheke, ermittelt werden. Kosten sind der bewertete Verbrauch von Gütern oder Leistungen, die innerhalb einer Abrechnungsperiode zur Erstellung der betrieblichen Leistungen eingesetzt werden (vgl. Kistner 1981). Üblicherweise umfasst die Abrechnungsperiode ein Jahr. „Bewerteter Verbrauch“ bedeutet, dass Kosten stets ein Produkt aus Mengen und Preisen sind, beispielsweise Arbeitsstunden und Stundenlöhnen oder Stromverbrauch und Strompreis. Die „betrieblichen Leistungen“ der Apotheken sind die Arzneimittelabgabe, die dazugehörige Beratung, hergestellte Rezepturen, aber auch alle Arbeiten im Hintergrund der Apotheke, die diese Zwecke unterstützen wie Warenwirtschaft, Verwaltung oder Reinigung. Der Begriff Kosten ist eng verwandt mit dem Begriff Aufwand aus dem Rechnungswesen (siehe Kap. 4.4), allerdings steht bei den Kosten der Zweck der betrieblichen Leistungserstellung im Vordergrund, der beim Aufwand nicht unbedingt gegeben sein muss. In einer ähnlichen Beziehung stehen die Begriffe Leistung (aus der Kostenrechnung) und Ertrag (aus dem Rechnungswesen) zueinander.

In einer sehr groben Betrachtung könnte ermittelt werden, wie hoch die Kosten der Apotheke insgesamt sind und dieser Betrag ins Verhältnis zu den Einstandspreisen der verkauften Waren gesetzt werden. Das Ergebnis wäre ein Prozentsatz, der durchschnittlich auf alle Einstandspreise aufgeschlagen werden müsste, um die Kosten zu decken. Dies ist eine einfache, aber naive Rechnung. Denn die freie Preisbildung betrifft nur einen Teil der in Apotheken verkauften Produkte, die Kosten hängen kaum vom Einstandspreis ab und Preise sind nur sinnvoll, wenn sie von den Kunden akzeptiert werden und die Waren sich verkaufen lassen. Angemessene Preise können nicht einfach errechnet werden, ohne die Marktsituation zu beachten. Die erwähnte Methode ist aber durchaus sinnvoll, um Mindestpreise zu ermitteln (siehe unten). Daher wird hier ein kleiner Einblick in die Kostenrechnung gegeben, die die Grundlage für eine solche Vorgehensweise bildet.

Kostenarten

Die Kosten werden insgesamt auch als „gesamte Handlungskosten“ bezeichnet. Sie lassen sich in Kostenarten gliedern. Die wichtigsten Kostenarten in der Apotheke sind Personalkosten, Raumkosten, Kosten für Einrichtungs- und Ausrüstungsgegenstände, für die Werbung und für die Finanzierung. Die Kosten für die Finanzierung werden auch Kapitalkosten genannt. Dies sind insbesondere die Zinsen für Kredite, die zur Finanzierung der Apothekenausstattung oder des laufenden Betriebs aufgenommen wurden. Weitere Kosten entstehen durch die Nutzung von Strom, Heizung und Telekommunikation, durch die Reinigung der Apotheke und durch Fahrzeuge. Hinzu kommen viele weitere kleinere Kostenarten. Der Kaufpreis langfristig nutzbarer Gegenstände (beispielsweise Apothekengebäude, Einrichtung, Ausrüstung) wird in der Kostenrechnung nicht in voller Höhe bei der Anschaffung berücksichtigt, sondern auf eine angenommene „betriebsgewöhnliche Nutzungsdauer“ verteilt und über diese Zeit „abgeschrieben“ (zur Abschreibung siehe Kap. 4.4).

Für Leistungen, die der Apothekenleiter selbst erbringt, zahlt er sich selbst nichts. Dennoch sollte der Gegenwert solcher Leistungen in der Kostenrechung berücksichtigt werden, weil sie zur gesamten Leistung der Apotheke gehören. Solche Kosten werden als „**kalkulatorische Kosten**" bezeichnet. Dazu zählen kalkulatorische Mieten für die Nutzung der Räume, die dem Apotheker selbst gehören, kalkulatorische Zinsen als Gegenleistung für sein in die Apotheke investiertes Kapital und der kalkulatorische Unternehmerlohn für seine Arbeitsleistung. Im steuerrechtlichen Sinn sind dies keine Kosten, aber als Grundlage für die Preisbildung und für Wirtschaftlichkeitsbetrachtungen sind auch solche Beträge zu berücksichtigen. Dies erklärt die Bezeichnung als „kalkulatorische" Kosten, denn sie gelten nur in der Kalkulation (siehe Kap. 5.2) als Kosten.

Fixe und variable Kosten

Eine andere Sichtweise der Kostenrechnung ist die Einteilung in variable (veränderliche) und fixe (feststehende) Kosten. Wenn die Kosten vom Wert der hergestellten oder verkauften Güter oder Leistungen abhängen, werden sie als variabel bezeichnet, beispielsweise die Kosten für die Finanzierung des Warenlagers. Ob nun als Zinsen für Bankkredite oder als kalkulatorische Zinsen, hängen sie vom Wert der zu finanzierenden Waren ab. Das Gegenteil stellen die fixen Kosten dar, die immer innerhalb eines bestimmten Zeitabschnittes anfallen, beispielsweise für die Miete. Dieses Beispiel zeigt die Grenzen des Fixkostenbegriffs. So würden die Apothekenräume wahrscheinlich ausreichen, um 30 oder 40 Prozent mehr Umsatz abzuwickeln, aber nicht das Drei- oder Vierfache. Dafür müsste die Apotheke ausgebaut werden. Fixe Kosten stehen demnach nur innerhalb gewisser Grenzen fest. Daher werden viele Kosten als sprung-fixe Kosten betrachtet, die ab einem bestimmten Ausmaß der Apothekentätigkeit um einen gewissen Betrag zunehmen und bis zum nächsten Sprung feststehen. Ein Beispiel dafür sind die Personalkosten. Denn eine etwas vergrößerte Kundenzahl kann durch intensivere Arbeit und Abbau von Leerlaufzeiten bewältigt werden. Wenn langfristig deutlich mehr Kunden in die Apotheke kommen, ist aber beispielsweise eine zusätzliche PTA erforderlich, deren Gehalt die Kosten der Apotheke langfristig um einen bestimmten monatlichen Betrag erhöht.

Es besteht jedoch kein unmittelbarer Zusammenhang zwischen einzelnen Positionen der Kostenrechnung und den erbrachten Leistungen bei der Abgabe bestimmter Arzneimittel oder anderer Produkte. Es ergeben sich immer nur Durchschnittswerte für die Gesamtheit aller Produkte oder allenfalls für Produktgruppen. Daher kann die Kostenrechnung für die Preisbildung nur grobe Anhaltspunkte und keine exakten Werte liefern.

Skaleneffekte

» Da bei nahezu allen Tätigkeiten sowohl fixe als auch variable Kosten entstehen, fallen üblicherweise bei der Produktion großer Mengen eines Produktes oder beim häufigen Erbringen einer Dienstleistung geringere Kosten für jedes einzelne Produkt oder jede einzelne Leistung an, als wenn dies seltener geschieht. Denn die fixen Kosten fallen stets in gleicher Höhe an, verteilen sich aber bei einer besseren Auslastung des Betriebs auf mehr produzierte Einheiten. Die Durchschnittskosten aller produzierten Einheiten sind damit höher als die zusätzlichen Kosten für die Herstellung einer einzelnen weiteren Einheit. Diese zusätzlichen Kosten für eine weitere Einheit werden Grenzkosten genannt, weil sie an der Grenze der Erweiterung der Produktion entstehen. Zusätzliche kostengünstig produzierte Einheiten senken aber die Durchschnittskosten aller produzierten Einheiten, weil ihre Kosten dann auch in die Durchschnittsbildung eingehen. Diese Überlegungen gelten nur, solange die bestehende Ausstattung nicht vollständig ausgelastet ist. Steigt die Produktion so stark an, dass die Anlagen erweitert werden müssen, gilt dies nicht mehr. Ist die Ausstattung eines Betriebes aber erst einmal erweitert, ergeben sich neue Fixkosten und die gleichen Überlegungen können erneut beginnen.

So führt die Produktion größerer Mengen üblicherweise zu geringeren Durchschnittskosten und damit bei gleichen Verkaufspreisen zu erhöhten Gewinnen. Diese wirtschaftlichen Vorteile großer Mengen werden als positive Skaleneffekte bezeichnet. Es kann auch negative Skaleneffekte geben, wenn beispielsweise eine teure umfassende Erweiterung eines Geschäftsbetriebs nötig wird. Wenn nur von Skaleneffekten die Rede ist, sind aber üblicherweise positive Skaleneffekte gemeint.

Skaleneffekte sind nicht nur bei Produktionskosten zu finden, sondern auch beim Einkauf von Waren. Denn größere Mengen einer Ware werden meist mit Einkaufsvergünstigungen angeboten, weil auch der Verkäufer beim Verkauf großer Mengen gegenüber dem häufigen Verkauf von kleinen Mengen Kosten spart. Aufgrund von Skaleneffekten können große Apotheken manche Waren günstiger einkaufen als kleine Apotheken und auch manche Leistungen kostengünstiger erbringen. Außerdem können viele Apotheken gemeinsam manche Aufgaben mit geringeren Kosten erbringen, als wenn alle Apotheken dies einzeln tun müssten, insbesondere im Marketing. Dies ist ein häufig gebrauchtes Argument für Filialapotheken und für den Beitritt zu Apothekenkooperationen. Dabei darf aber nicht übersehen werden, dass die gemeinsame Organisation von mehreren Apotheken eine zusätzliche Aufgabe ist, die die vorteilhaften Skaleneffekte zunichte machen kann. Auch wenn positive Skaleneffekte häufig zu beobachten sind, sollte stets hinterfragt werden, bei welchen Aufgaben sie einen nennenswerten Beitrag zum Erfolg leisten können.

Mindestpreise

Wenn die Kosten addiert und als Prozentsatz der Einstandspreise der Waren ausgedrückt werden, können mit diesem Aufschlagssatz aber immerhin ungefähre Mindestpreise ermittelt werden. So kann abgeschätzt werden, ob ein am Markt durchsetzbarer Preis für die Apotheke überhaupt kostendeckend ist. Jeder Verkaufspreis sollte mindestens so hoch sein, dass außer dem Einstandspreis die variablen Kosten gedeckt werden, die mit der Bestellung, Lagerung und Abgabe des Produktes verbunden sind.

Dies sollte auch bei kurzfristigen Sonderangeboten gelten, weil sie anderenfalls den Gewinn der Apotheke vermindern würden. Für die Ermittlung einer kurzfristigen Preisuntergrenze für Sonderangebote ist es daher entscheidend, welche Kosten dem betreffenden Produkt zugerechnet werden. Diese Vorgehensweise wird in der Betriebswirtschaftslehre als **Teilkostenrechnung** bezeichnet, weil nur der Teil der Kosten berücksichtigt wird, der dem Produkt unmittelbar zugerechnet werden kann. Hinsichtlich der Frage, welche Kosten dies sind, können viele Interpretationen begründet werden, die zu sehr unterschiedlichen Ergebnissen führen. So könnte argumentiert werden, die Personalkosten für den Verkaufsvorgang seien für diese Rechnung nicht relevant, weil das Personal nicht für den Verkauf einzelner Packungen zusätzlich bezahlt wird. Diese Begründung wäre aber nicht mehr schlüssig, wenn das Personal durch den Verkauf vieler Sonderangebotspackungen von anderen wichtigen oder ertragbringenden Arbeiten abgehalten wird. Daher sollten auch die anteiligen Kosten für die notwendige Arbeitszeit des Personals in die Kostenkalkulation für Sonderangebote eingehen.

Langfristig müssen sogar alle Kosten gedeckt werden, wenn die Apotheke nicht in den Ruin getrieben werden soll. Für die Ermittlung einer langfristigen Preisuntergrenze ist es daher wichtig, möglichst alle Kosten der Apotheke zu erfassen und rechnerisch auf das einzelne Produkt umzulegen. Diese Vorgehensweise wird in der Betriebswirtschaftslehre als **Vollkostenrechnung** (im Unterschied zur Teilkostenrechnung) bezeichnet.

Wahl des Aufschlagssatzes

Wenn die Kalkulation mittels Kostenrechnung direkt zu Verkaufspreisen führen soll, ist es nicht eine Frage der genauen Berechnung, sondern eine Ermessensentscheidung und damit eine Chefsache, anhand der vielfältigen oben dargestellten Kostenarten einen Prozentsatz für den Aufschlag festzulegen. Dieser sollte auch einen angemessenen Gewinn enthalten – und dies ist eine unternehmerische Entscheidung, die dem Chef niemand abnehmen kann.

Tipp für die Praxis

Berechnungen angemessener Preisuntergrenzen können immer nur so gut wie die Daten sein, auf denen sie beruhen. Daher sollten die fixen und variablen Kosten aus der betriebswirtschaftlichen Auswertung der Apotheke hervorgehen. Wenn die Mitarbeiter die Preisbildung selbst durchführen oder die Plausibilität von Preisen langfristig überwachen sollen, muss der Apothekenleiter die Zielgrößen nennen, an denen sich die Preisbildung orientieren soll. Als einfachere Alternative kann er feste Aufschlagssätze für bestimmte Produktgruppen vorgeben.

Opportunitätskosten

Eine ganz andere Betrachtungsweise ermöglichen die Opportunitätskosten (lat. *opportunus* = günstig, passend). Dies sind die entgangenen Vorteile (hier: Deckungsbeiträge) aus der besten nicht realisierten Alternative. Beim Verkauf von Produkten müssen dafür die zu erwartenden Deckungsbeiträge verschiedener Produktgruppen verglichen werden. Opportunitätskosten sind keine Beträge, die an irgendjemanden gezahlt werden. Denn sie sind nur eine gedachte Größe. Sie gehen daher auch nicht in das Rechnungswesen ein, sondern dienen nur als Grundlage für Kalkulationen und darauf gestützte Entscheidungen. Sie bieten immer dann eine Entscheidungshilfe, wenn sich Maßnahmen gegenseitig ausschließen. Wenn eine Entscheidung für eine bestimmte Maßnahme dazu führt, dass eine andere Maßnahme nicht umgesetzt werden kann, sind die entgangenen Erträge der nicht realisierten Maßnahme die Opportunitätskosten der durchgeführten Maßnahme. Die durchgeführte Maßnahme ist demnach nur sinnvoll, wenn ihre Erträge größer sind als diese Opportunitätskosten.

Ein praktisches Beispiel ist die Auswahl des Sortiments für die Freiwahl einer Apotheke. Meist konkurrieren viel mehr Produkte um den vorhandenen Raum als dort präsentiert werden können. Daher ist bei der Platzierung eines Produktes in der Freiwahl immer zu prüfen, ob ein anderes Produkt an dieser Stelle mehr Ertrag verspricht als das bisher dort präsentierte. Angesichts der Vielfalt der Artikel in der Freiwahl können dabei sogar so unterschiedliche Produkte wie Bücher, Zahnpflegeartikel und Nahrungsergänzungsmittel um den gleichen Platz konkurrieren (siehe Kap. 6.3).

Wie rentieren sich Apothekenfilialen?

» Seit 2004 können Apotheken Filialen betreiben (siehe Kap. 2.5). Damit stellt sich die Frage, ob sich diese aus wirtschaftlicher Sicht rentieren. Dies hängt zu einem Teil von den Kosten ab. Obwohl Filialapotheken die gleichen Anforderungen an Personal und Räume wie Hauptapotheken erfüllen müssen, können einige kleine Unterschiede gegenüber einzeln arbeitenden Apotheken zu Kosteneinsparungen führen. So fallen viele Verwaltungskosten nur einmalig an, weil die Apotheken eines Filialverbundes rechtlich nur ein Unternehmen bilden und damit nur eine gemeinsame Buchführung, ein Bankkonto, einen Steuerberater und natürlich einen Chef haben, der die wesentlichen Entscheidungen zentral trifft. Bei Krankheit oder Urlaub ist es meist einfacher, Personal zwischen den Apotheken eines Filialverbundes auszutauschen als mühsam Vertretungskräfte zu suchen. Außerdem können durch den gemeinsamen Einkauf größerer Warenmengen in manchen Fällen bei Herstellern oder beim Großhandel günstigere Einkaufsbedingungen wie Rabatte oder Skonti erzielt werden (siehe Kap. 5.3). Dies alles sind positive Skaleneffekte (siehe oben). Allerdings müssen große Warenlieferungen verwaltet und auf die Filialen verteilt werden, was wiederum zusätzliche Kosten verursacht, die bei einzelnen Apotheken nicht anfallen. Letztlich lassen sich mit Filialen gewisse Kostenvorteile erzielen, die aber nicht überschätzt werden sollten.

Einen größeren Vorteil als bei den Kosten dürften die Filialen beim Marketing bieten. Das Marketing zielt auf eine überzeugende Darstellung der Apotheke (siehe Kap. 7.1 und 7.4). Die Kunden sollen die Apotheke unter anderen Apotheken wiedererkennen, positive Aussagen damit verknüpfen und von der Leistungsfähigkeit überzeugt werden. Mit einem einheitlichen Erscheinungsbild mehrerer Apotheken eines Filialverbundes und gemeinsamer Werbung kann dies möglicherweise besser erreicht werden als mit einer einzelnen Apotheke.

5.5 Marktorientierte Preisbildung

Eine andere Sichtweise der Preisbildung als bei der Kalkulation anhand von Kosten bietet die marktorientierte Preisbildung. Denn in der Marktwirtschaft sind Preise das Ergebnis von Angebot und Nachfrage. So bietet das Verhalten der anderen Anbieter und der Kunden die Grundlage für die Preisbildung. Üblicherweise kaufen Nachfrager umso mehr von einer Ware und bieten Anbieter umso weniger davon an, je billiger die Ware ist. Aus diesen gegenläufigen Interessen ergibt sich ein Marktpreis, bei dem gleich viele Waren angeboten und nachgefragt werden. Dieser Preis wird in der volkswirtschaftlichen Theorie als **Markträumungspreis** bezeichnet, weil kein Angebot und keine Nachfrage zu diesem Preis unbefriedigt bleiben. Dieser Zustand wird als **Marktgleichgewicht** bezeichnet und beruht auf den gegenseitigen Reaktionen der Käufer und Anbieter aufeinander. Wenn ein Verkäufer eine Ware zu einem günstigeren Preis als seine Konkurrenten anbietet, kann er damit Käufer von dort abwerben und zugleich zusätzliche Kunden gewinnen. Doch können auch die anderen Anbieter reagieren, ihre Preise vielleicht sogar noch weiter senken und noch mehr Kunden gewinnen. Daher sollten bei jeder Maßnahme nicht nur die unmittelbaren Reaktionen der potenziellen Kunden, sondern auch die Folgereaktionen der Wettbewerber und wiederum der Kunden berücksichtigt werden. Ebenso schwierig sind die insgesamt absetzbaren Mengen einer Ware vorhersehbar. Die Abhängigkeit dieser Mengen vom Preis wird als **„Preis-Absatz-Funktion"** bezeichnet. Der grobe Zusammenhang ist weitgehend klar – unklar ist dagegen, um wie viel mehr Waren sich durch eine Preissenkung absetzen lassen und erst recht, ob sich dies auch für den Anbieter lohnt und die größere abgesetzte Stückzahl den verminderten Preis ausgleicht.

Tipp für die Praxis

Bei der marktorientierten Preisbildung muss beobachtet werden, wie sich Kunden und Wettbewerber verhalten. Preise, die die Wettbewerber in ihrer Werbung nennen, sollten regelmäßig verfolgt werden. Dies kann neben den unmittelbar benachbarten Apotheken auch Internetapotheken und bei nichtapothekenpflichtigen Produkten weitere Anbieter betreffen. Außerdem sollte mit der Apotheken-EDV überprüft werden, wie sich die Verkaufszahlen nach eigenen Preisänderungen und nach Preisänderungen der Wettbewerber verändern. So kann ein Eindruck von der Preis-Absatz-Funktion für das Produkt gewonnen werden. Angesichts dieses Aufwandes ist eine sorgfältige Betrachtung aber nicht für sehr viele Artikel zu leisten.

Besonderheiten für Apotheken

Von den Grundideen der Marktwirtschaft gibt es gerade bei Arzneimitteln viele Abweichungen. So haben Befragungen gezeigt, dass die meisten Menschen sich kaum an die Preise der von ihnen gekauften Arzneimittel erinnern. Daher können sie die Preise auch nicht vergleichen. Ausnahmen bilden einige wenige besonders bekannte Produkte. Allgemein werden solche Waren im Marketing als **„Indikatorartikel"** (indizieren: anzeigen) bezeichnet, weil sie als aussagekräftiges Signal für das gesamte Angebot eines Unternehmens gelten. Die meisten Kunden können sich allenfalls an die Preise einiger solcher Artikel erinnern. Wenn sie preisgünstig angeboten werden, halten die Kunden das Unternehmen insgesamt für preisgünstig. Auf diesem Prinzip beruht das Marketing vieler Handelsunternehmen, beispielsweise für Unterhaltungselektronik oder Lebensmittel. Da die Idee vielerorts Erfolg hat, wird sie auch oft für Apotheken empfohlen.

Im Gegensatz zu anderen Waren ist bei Arzneimitteln jedoch nicht zu erwarten, dass durch Preissenkungen die Zahl der verkauften Packungen langfristig steigt. Denn die Menschen werden durch Preissenkungen nicht kränker. Zusätzlicher Konsum von Arzneimitteln verspricht keinen zusätzlichen Nutzen. Die Nachfrage nach Arzneimitteln reagiert unelastisch auf den Preis, wie es in der Sprache der Wirtschaft heißt. Apotheken können daher durch Preissenkungen bei Arzneimitteln allenfalls Kunden von anderen Apotheken abwerben, aber kaum die Arzneimittelumsätze insgesamt erhöhen. Eine solche Situation wird als **Verdrängungswettbewerb** bezeichnet, weil einzelne Anbieter nur durch die Verdrängung anderer Anbieter vom Markt wachsen können, während die gesamte Menge der umgesetzten Waren einer bestimmten Art dabei unverändert bleibt.

Bei einigen Produkten des Randsortiments dürfte dies jedoch anders sein. Bei Körperpflegemitteln und vermutlich auch bei einigen Nahrungsergänzungsmitteln versprechen niedrige Preise insgesamt mehr absetzbare Packungen, weil die Produkte dadurch im Vergleich zu anderen Waren des täglichen Bedarfs interessanter werden. Daher versprechen intensive Bemühungen um einen angemessenen Preis und möglicherweise sogar die Werbung mit einem niedrigen Preis bei solchen Produkten eher Erfolg als bei Arzneimitteln. Hinzu kommt, dass die Apotheken bei diesen Produkten mit Drogerie- und Supermärkten konkurrieren, in denen der Preis als wesentliches Verkaufsargument dient und die daher oft durch besonders niedrige Preise auffallen. Auch hier erscheint es sinnvoll, die Aufmerksamkeit auf wenige Indikatorartikel zu konzentrieren, weil nur wenige Kunden das umfangreiche Randsortiment von Apotheken überblicken können.

Folgen für den Umsatz

Doch soll keineswegs nur der Umsatz oder die Zahl der abgesetzten Packungen betrachtet werden. Denn mit einem niedrigeren Preis lassen sich wohl mehr Packungen verkaufen, vielleicht auch höhere Umsätze erzielen, aber nur bei günstigen Rahmenbedingungen auch höhere Gewinne erzielen. Die meisten Packungen könnten natürlich abgesetzt werden, wenn die Waren verschenkt würden, aber das kann nicht das Ziel der Verkäufer sein. Da der Umsatz sich als Produkt aus Preis und abgesetzter Menge ergibt, muss bei sinkendem Preis die abgesetzte Menge mindestens in gleichem Maße steigen, damit mindestens der gleiche Umsatz (in Euro) erzielt wird.

Mindestpreise zur Orientierung

Für den wirtschaftlichen Erfolg der Apotheke ist aber nicht der Umsatz, sondern der Gewinn wichtig: Dieser ergibt sich aus dem Umsatz abzüglich der Einstandspreise der verkauften Produkte und abzüglich der Kosten. Ob der Verkauf einer Ware zu einem bestimmten Preis überhaupt lohnenswert ist, lässt sich anhand der Kostenrechnung ermitteln. Wenn der erzielbare Verkaufspreis zu einem so kleinen Rohgewinn führt, dass nicht einmal die variablen Kosten gedeckt werden, lohnt sich das Angebot nicht (siehe Kap. 5.4). Darin dürfte die größte praktische Bedeutung der Kostenrechnung liegen. So geht die Kostenrechnung auf einem Umweg auch in die Preisbildung anhand des Marktes ein. Der Verkaufspreis muss zumindest größer sein als die Summe aus Einstandspreis und allen Kosten, die unmittelbar durch die Lagerung, alle sonstigen Handhabungen und den Verkauf des Produktes entstehen. Weitere Preissenkungen könnten vielleicht die Umsätze erhöhen, würden aber sicher mit jeder verkauften Packung zunehmende Verluste einbringen. Daher ist dies eine Preisuntergrenze, die auch kurzfristig im Rahmen von Sonderangeboten nicht unterschritten werden sollte.

Langfristig müssen aber nicht nur die Kosten gedeckt werden, die unmittelbar mit dem verkauften Produkt zusammenhängen, sondern alle Kosten des Unternehmens. Der Verkaufspreis muss daher langfristig – also zumindest außerhalb befristeter Sonderangebote – mindestens so hoch sein wie der Einstandspreis zuzüglich eines Aufschlages, mit dem alle Kosten des Unternehmens rechnerisch auf alle verkauften Waren verteilt werden. Allerdings ist ein solcher Aufschlag nur vage zu ermitteln. Wie gut dies gelingt, hängt sehr von der Qualität der Daten in der betriebswirtschaftlichen Auswertung für die Apotheke ab. Mitarbeiter können dies zudem nur nachvollziehen, soweit ihnen diese Daten bekannt sind (siehe Kap. 5.4).

Folgen für den Gewinn

Das Ziel unternehmerischer Tätigkeit besteht nicht darin, nur die Kosten zu decken, sondern Gewinne zu erwirtschaften. Was die Zusammenhänge zwischen Umsatz, Kosten und Gewinn für die Preisbildung bedeuten, lässt sich anhand eines Zahlenbeispiels veranschaulichen:

Wenn eine Ware zum Einstandspreis von 10 Euro (alle Angaben ohne Mehrwertsteuer) bezogen wird und das Unternehmen mit einem Aufschlagssatz von 40 Prozent zur Deckung aller Kosten kalkulieren würde, könnte das Produkt kostendeckend für 14 Euro (plus Mehrwertsteuer) verkauft werden. Wenn der allgemein übliche Verkaufspreis 16 Euro (plus Mehrwertsteuer) beträgt, ergeben sich 2 Euro Gewinn pro Packung. Der Verkäufer könnte nun auf die Idee kommen, seinen Erfolg durch eine Preissenkung zu vergrößern, mit der er zusätzliche Käufer anlockt. Wenn er den Preis um nur 1 Euro auf 15 Euro (plus Mehrwertsteuer) senken würde, müsste er die verkaufte Menge verdoppeln, um den gleichen Gesamtgewinn zu erzielen, da sich der Gewinn pro Packung von 2 Euro auf 1 Euro halbiert. Sänke der Preis um weitere 50 Cent auf 14,50 Euro (plus Mehrwertsteuer), blieben nur 50 Cent Gewinn pro Packung. Für den gleichen Gesamtgewinn müssten dann viermal so viele Packungen wie beim Preis von 16 Euro (plus Mehrwertsteuer) verkauft werden. Um den Gewinn zu erhöhen, müsste sogar noch mehr verkauft werden. Ob dies gelingt, hängt vom Verhalten der anderen Anbieter, der Kunden und von der Art des Produktes ab. Bei Arzneimitteln erscheint dies aus den oben erwähnten Gründen sehr fraglich.

Eine etwas andere Betrachtung ergibt sich mit dem Rohgewinn als Zielgröße. In dem obigen Beispiel würde bei einem Verkaufspreis von 16 Euro (plus Mehrwertsteuer) der Rohgewinn 6 Euro betragen. Mit der Preissenkung auf 15 Euro (plus Mehrwertsteuer) ginge der Rohgewinn auf 5 Euro zurück, also „nur" um ein Sechstel. Sogar bei einer Preissenkung auf 14 Euro (plus Mehrwertsteuer) bliebe noch ein Rohgewinn von 4 Euro und damit zwei Drittel des ursprünglichen Betrages, während gemäß der obigen Betrachtung dann überhaupt kein Gewinn mehr erzielt würde.

Doch welche Betrachtung ist nun „richtig"? – Darauf gibt es keine allgemein verbindliche Antwort, sondern es kommt auf den Zusammenhang an. Der Rohgewinn ist eine einfach zu ermittelnde Orientierungsgröße, während ein „richtiger" Aufschlagssatz zur Erfassung aller Kosten nicht bekannt ist. Der Rohgewinn darf einerseits nicht zu weit reduziert werden, damit das betreffende Produkt noch einen positiven Beitrag zur Deckung der Gesamtkosten liefert. Wenn andererseits viele Produkte zu so hohen Preisen verkauft werden können, dass die Kosten der Apotheke gedeckt sind, steigt der Spielraum, sich bei einzelnen Produkten mit einem kleinen Rohgewinn zufrieden zu geben und deren Preise zu senken. Wenn dadurch Waren verkauft werden, die sonst nicht verkauft würden, liefern sie immerhin kleine zusätzliche Rohgewinne. In diesem Fall ist es sinnvoll, sich am Rohgewinn und nicht am Gewinn zu orientieren, also eine Teil- und keine Vollkostenrechnung zur Grundlage der Preisbildung zu machen. Gerade für Apotheken ist diese Argumentation verbreitet, weil die Umsätze aus preisgebundenen Arzneimitteln in vielen Apotheken einen großen Teil der Kosten decken. Dabei darf aber nie vergessen werden, dass nicht der Umsatz und auch nicht der Rohgewinn, sondern der Gewinn nach Abzug aller Kosten den Unternehmenserfolg bestimmt. Der Gewinn ergibt sich aber aus der meist nur kleinen Differenz zwischen Verkaufspreis einerseits und Einstandspreis und Kosten andererseits und ist daher sehr empfindlich auch gegenüber kleinen Preissenkungen. Umgekehrt können kleine Preiserhöhungen den Gewinn auch deutlich erhöhen.

Wie rentiert sich der Versandhandel?

» Seit 2004 dürfen Apotheken Arzneimittel im Versandhandel anbieten (siehe Kap. 2.5). Angesichts der vielen Regelungen für einen ordnungsgemäßen Versandhandel ist dies mit hohen Kosten für die Apotheke verbunden. Ob sich der Versand damit lohnt, hängt von den erzielten Umsätzen und Preisen ab. Im Internet konkurrieren etliche deutsche und ausländische Versandapotheken und bieten nichtverschreibungspflichtige Arzneimittel zu teilweise sehr niedrigen Preisen an. Um auf diesem Markt nennenswerte Umsätze zu erzielen, müssen daher sehr geringe Roherträge pro Packung in Kauf genommen werden. Aussichtsreiche Gewinne erfordern daher große verkaufte Packungszahlen. Diese wiederum machen eine umfangreiche und damit teure Organisation notwendig. Die Betriebsgrößen erfolgreicher Versandapotheken dürften damit weit über die üblichen Apothekengrößen hinausgehen. Über das wirtschaftliche Ergebnis des Versandhandels entscheiden die verkauften Mengen in Verbindung mit kleinsten Unterschieden zwischen Erlösen einerseits und Kosten und Einstandspreisen andererseits. Für die Mitarbeiter einer Versandapotheke dürfte dies die entscheidende wirtschaftliche Erkenntnis sein. Ihnen sollte bewusst sein, dass bei diesem Konzept jede kostenrelevante Kleinigkeit des Betriebsablaufes über den wirtschaftlichen Erfolg oder Misserfolg entscheiden kann. Nur bei optimaler Organisation des Versandes ist langfristig ein positives Ergebnis möglich.

Bedeutung von Markenartikeln

Ein weiterer wichtiger Aspekt einer betriebswirtschaftlich sinnvollen Preisbildung in Apotheken ist der angemessene Umgang mit Markenartikeln. Unter einer **Marke** werden der Name, das Symbol und das Design zur Bezeichnung eines Produktes, einer Dienstleistung oder eines Unternehmens verstanden. Daran sollen die Kunden das Produkt wiedererkennen, damit sie verschiedene Produkte voneinander unterscheiden, ihre Erfahrungen einem Produkt zuordnen und es mit bestimmten Eigenschaften verknüpfen können. Die Hersteller verstärken dies durch ihre Werbung und geben den Produkten ein bestimmtes **Image**. Dies gehört zu den wesentlichen Funktionsweisen der Werbung. Dafür gibt es auch außerhalb von Apotheken unzählige Beispiele: So gelten bestimmte Autos als besonders sicher, andere als sportlich und wieder andere als sparsam. Manche Textilmarken gelten als besonders modisch, andere als bieder und bei wieder anderen steht die gute Verarbeitung im Vordergrund.

Praktisch alle in Apotheken verkauften industriell gefertigten Produkte verwenden im juristischen Sinn des Markenrechts eine Marke, aber nur ein Teil dieser Marken wird von ihren Herstellern mit Inhalt gefüllt. Nur dann wird in betriebswirtschaftlichen Zusammenhängen von Marken gesprochen. Typische Beispiele für bekannte Marken in der Apotheke sind unter den häufig verkauften, nichtverschreibungspflichtigen Arzneimitteln zu finden, für die umfangreich geworben wird. Auch viele Kosmetika bilden bekannte Marken.

Generika, also Arzneimittel deren Patentschutz abgelaufen ist und die nicht vom ursprünglichen Patentinhaber produziert werden, sind eigentlich keine Markenartikel im betriebswirtschaftlichen Sinn. Allerdings haben einige große Generikahersteller ihre Unternehmen inzwischen insgesamt als Marken etabliert. Dabei bildet nicht das Produkt mit einem bestimmten Wirkstoff die Marke, sondern das Unternehmen mit seinem ganzen Produktprogramm.

Marken und Preise

Die Konsequenzen für das Marketing werden in den Kapiteln 7.1 bis 7.8 in verschiedenen Zusammenhängen betrachtet. Hier sollen nur die Folgen für die Preisbildung interessieren. Dafür ist wichtig, dass alle Hersteller von Markenartikeln ihren Marken jeweils einen Inhalt geben, der sie von Konkurrenzprodukten unterscheidet. So können die Verbraucher davon ausgehen, dass die versprochenen Eigenschaften weitgehend erfüllt werden, weil die Hersteller sich zufriedene Kunden wünschen, die das Produkt auch in Zukunft immer wieder kaufen. Das bietet den Kunden Sicherheit. Dafür gewähren sie einen Vertrauensvorschuss und sind bereit, das Produkt auch zu kaufen, wenn andere Produkte mit ähnlicher Zielsetzung billiger angeboten werden. Dem möglichen Preisvorteil steht aus Sicht des Kunden die Unsicherheit gegenüber, ob das fremde Produkt die eigenen Anforderungen erfüllt. So kann der Hersteller des Markenartikels einen höheren Preis durchsetzen. Bei freier Preisbildung des Handels profitieren davon auch die Händler.

Für Apotheken ist es sinnvoll, diesen Preisspielraum bei Markenartikeln zu nutzen. Je hochwertiger das Image ist, umso höhere Preise sind möglich. Daher erscheint es unsinnig, Markenartikel mit hochwertigem Image zu besonders niedrigen Preisen anzubieten. In den Augen der Verbraucher widerspricht dies dem Inhalt der Marke. Es würde die Käufer irritieren und am Wert der Marke zweifeln lassen. Damit gingen die treuesten Kunden der Marke verloren. So würde das mühsam aufgebaute Markenimage zerstört. Für die Hersteller wäre dies ein großer Verlust und auch die Händler könnten allenfalls kurzfristig einige Käufer gewinnen, die sich über eine „edle“ Marke für wenig Geld freuen. Nach einiger Zeit würde die Marke aber nicht mehr als edel gelten und auch dieser Effekt würde entfallen. So gibt es langfristig keine Gewinner, wenn der Wert einer Marke durch zu niedrige Preise vernichtet wird.

Daher sollten niedrige Preise als Verkaufsargument nur für solche Produkte eingesetzt werden, die nicht als Markenartikel gelten oder zu deren Markenimage dies passt. So werden einige Produkte auch von ihren Herstellern gezielt als besonders preisgünstig dargestellt. Aus diesen Erkenntnissen und den Überlegungen zum Gewinn pro Packung ist für Apotheken zu folgern: Preissenkungen bei hochwertigen Marken versprechen keine Vorteile. Die pro Packung verlorenen Rohgewinne können wahrscheinlich nicht durch größere Absatzmengen ausgeglichen werden. Außerdem droht die Beschädigung des Markenimages. Andererseits erwarten viele Kunden ein besonders günstiges Angebot. Dann sollte anstelle eines Produktes mit hochwertigem Markenimage ein anderes Produkt mit niedrigpreisigem Image angeboten werden. Bei Arzneimitteln bieten sich dafür insbesondere Generika an. Hier ist der niedrige Preis glaubwürdig. Außerdem ist der Verkauf eines niedrigpreisigen Produktes mit einem akzeptablen Aufschlagssatz für den Gewinn der Apotheke besser als der Verkauf eines hochpreisigen Produktes zu einem niedrigen Preis, der vielleicht sogar zu einem geringeren absoluten Rohertrag führt.

5.6 Praxis der Preisbildung in Apotheken

Die bisherigen Überlegungen zur Preisbildung lassen sich so zusammenfassen: Die Preise für verschreibungspflichtige Arzneimittel, Bücher und einige Sonderfälle sind aufgrund rechtlicher Vorschriften gebunden. Dort erübrigen sich alle Überlegungen zur freien Preisbildung. Für die freie Preisbildung ergeben sich folgende Erkenntnisse:

- Aus der Kostenrechnung können Orientierungswerte für die Preisbildung abgeleitet werden. Es kann ein Mindestaufschlag ermittelt werden, der bei jedem Produkt mit freier Preisbildung auf den Einstandspreis mindestens aufgeschlagen werden soll.
- Aus der Kostenrechnung lassen sich keine marktgerechten Preise ableiten.
- Der größte Vorteil der Vorwärtskalkulation mit einem festgelegten Aufschlagssatz ist die einfache Durchführung.
- Für die Preisbildung „vom Markt her“ gibt es keine einheitlichen Handlungs- oder Rechenregeln.
- Die Ermittlung marktgerechter Preise erfordert die intensive Beobachtung der Absatzmengen des Produktes und der Preise der Wettbewerber. Dieser Aufwand lohnt sich nur für wenige Produkte.
- Kunden reagieren besonders stark auf die Preise bekannter Indikatorartikel.
- Der Orientierungswert von Marken kann durch niedrige Preise zerstört werden.

Es liegt im Begriff der freien Preisbildung, dass dabei jede nur erdenkliche Vorgehensweise möglich ist, wenn sich der Apothekenleiter als verantwortlicher Unternehmer dazu entschließt. Aufgrund der bisherigen Überlegungen könnte eine plausible Vorgehensweise aber etwa so aussehen: Die Preisbildung sollte im Apothekenalltag ein Kompromiss zwischen umfassender Marktbeobachtung und einfacher Durchführung sein. Damit bietet sich an, bei verschiedenartigen Produkten unterschiedliche Regeln für die Preisbildung anzuwenden. Für die vielen verschreibungspflichtigen und daher preisgebundenen Arzneimitteln erübrigt sich die Frage ohnehin. Bei den übrigen Produkten sollte sich der Aufwand für die Preisbildung an der **Wettbewerbsintensität** der jeweiligen Produktgruppe orientieren. Die Wettbewerbsintensität ist ein Maß dafür, wie stark Kunden und Anbieter aufeinander reagieren und wie oft die Produkte in der Werbung mit Preisen genannt werden. So wird beispielsweise häufig mit den Preisen für einige bekannte Körperpflegemittel geworben. Dort ist der Wettbewerb sehr intensiv. Dagegen werden die Preise für ausgefallene Krankenpflegeartikel, die nur von einer kleinen Personengruppe gekauft werden, praktisch nie in der Werbung dargestellt. Wer einen solchen Artikel kaufen möchte, ist meist froh, dass er überhaupt in der Apotheke vorrätig ist. Hier ist die Wettbewerbsintensität niedrig.

Aufschlagskalkulation für einfache Fälle

So bietet sich für Apotheken die Vorwärts- oder Aufschlagskalkulation mit unterschiedlichen Aufschlagssätzen für unterschiedliche Produktgruppen an. Dabei legt der Apothekenleiter einmalig Aufschlagssätze und Abgrenzungen der Produktgruppen fest, die das Apothekenteam im Alltag einfach anwenden kann. Die höchsten Aufschlagssätze sollten für Produkte mit sehr geringer Wettbewerbsintensität gewählt werden. Sie verursachen oft die größten Kosten, weil sie lange im Lager liegen und oft einzeln bestellt werden. Besonders bei selten nachgefragten Arzneimitteln und hochwertigen Kosmetika sind hohe Aufschläge angemessen. Für viele selten verkaufte Produkte wird eine umfangreiche Marktbeobachtung ohnehin unmöglich sein. Je edler die Marke in der Werbung des Herstellers dargestellt wird, umso besser passen hohe Aufschläge dazu. Eine Mittelstellung bezüglich der Aufschlagssätze nehmen die meisten Arzneimittel für die Selbstmedikation, Nahrungsergänzungsmittel und Diätetika ein. Während bei einigen dieser Produkte sehr starker Preiswettbewerb stattfindet, können bei anderen deutlich höhere Aufschläge durchgesetzt werden. Geringere Aufschlagsätze sind dagegen bei Produkten für das Massengeschäft angebracht, bei denen meist intensiver Wettbewerb herrscht und die oft auch außerhalb von Apotheken angeboten werden. Doch auch der geringste Aufschlag sollte die unmittelbar dem Produkt zuzurechnenden Kosten decken.

Die mit der Aufschlagskalkulation ermittelten Preise sollten möglichst gerundet werden. Die Meinungen gehen auseinander, ob dies sinnvoll ist, ob

„runde“ Preise oder Preise mit 8 oder 9 Cent in der letzten Stelle gebildet werden sollen. Jedenfalls haben sich viele Verbraucher an solche Preise gewöhnt und empfinden beispielsweise 4,99 Euro als deutlich billiger als 5 Euro, obwohl der Unterschied nur einen Cent ausmacht.

Unverbindliche Preisempfehlungen

Je nach Entscheidung des Apothekenleiters bietet es sich an, bestimmte Produkte von der Aufschlagskalkulation auszunehmen, für die der Hersteller eine unverbindliche Preisempfehlung ausgesprochen hat. Einige dieser Empfehlungen sind allerdings am Markt kaum durchsetzbar. Daher sind Preisempfehlungen eher eine Hilfe für die Preisbildung bei selten verkauften Artikeln mit geringer Wettbewerbsintensität.

So können je nach Produktgruppe bestimmte Aufschlagssätze oder die Orientierung an unverbindlichen Preisempfehlungen als übliche Vorgehensweise zur Preisbildung für die große Vielzahl der Produkte mit geringer Wettbewerbsintensität festgelegt werden. Dies ist einfach umzusetzen, sofern die Regeln klar formuliert sind. So sind auch unterschiedliche Vorgehensweisen verschiedener Apothekenmitarbeiter auszuschließen.

Intensive Marktbetrachtung

Angesichts der großen und immer weiter zunehmenden Wettbewerbsintensität bei einigen Produkten wird es aber in jeder Apotheke Ausnahmen von solchen allgemeinen Regeln geben müssen. Bei einigen Produkten dürfte es unvermeidbar sein, den Markt intensiv zu beobachten und die Preise entsprechend festzulegen. Je nach Reaktion der anderen Marktteilnehmer müssen solche Preise mitunter auch schnell geändert werden. Die Preisbildung für diese Produkte ist meist eine Chefsache. Die eigenen Verkaufszahlen und die Preise der Konkurrenz müssen interpretiert werden. Dazu gehören immer auch Abwägungen, für die es keine starren Regeln geben kann. Diese Preisbildung ist eine typische Unternehmerentscheidung. Es ist dagegen Sache des ganzen Apothekenteams, auf ungewöhnliche Entwicklungen in den Verkaufszahlen solcher Produkte zu achten und den Chef auf veränderte Einkaufsbedingungen aufmerksam zu machen, die eine neue Kalkulation erforderlich machen können. Auch bei diesen Produkten sollte der für die jeweilige Apotheke ermittelte Mindestaufschlag nicht unterschritten werden. Für welche und wie viele Produkte dieser mühsame Weg der Preisbildung anzuwenden ist, kann je nach Ort und Geschäftspolitik der Apotheke und ihrer Wettbewerber sehr unterschiedlich sein.

Sonderangebote

Im Zuge dieser Entwicklung werden immer häufiger Sonderangebote präsentiert. Dabei ist zwischen dauerhaften Tiefpreisen und zeitlich befristeten Sonderangeboten zu unterscheiden. Wenn Preise besonders stark gesenkt werden, sollte dies deutlich dargestellt werden, weil anderenfalls keine Hoffnung besteht, den pro Packung entstehenden Rohertragsverlust durch höhere Absatzmengen auszugleichen. Problematisch erscheinen jedoch zeitlich befristete Sonderangebote. Erfahrungsgemäß verärgert es viele Kunden, wenn die Preise später wieder erhöht werden. Dies kann mehr Schaden bringen, als das Sonderangebot zuvor nutzt. Als Gegenmaßnahme kann die Befristung von Anfang an deutlich herausgestellt werden. Dies würde während des Sonderangebots zu vermehrten Käufen anregen. Bei vielen Produkten wäre dies unproblematisch, bei Arzneimitteln droht aber ein Widerspruch zum beruflichen Selbstverständnis der Apotheker und zu den Berufsordnungen der Apothekerkammern, wonach der Fehlgebrauch von Arzneimitteln verhindert werden soll.

Preisauszeichnungspflicht

» Für alle Produkte, die für Kunden sichtbar präsentiert werden – sei es in der Sicht- oder Freiwahl oder im Schaufenster – müssen die Verkaufspreise deutlich sichtbar angebracht werden. Die ist gemäß Preisangabenverordnung vorgeschrieben. Für Packungen, die nach Volumen oder Gewicht bemessen sind, muss außerdem der Grundpreis für einen Liter oder ein Kilogramm angegeben werden. Bei Volumina oder Gewichten bis 250 Milliliter beziehungsweise Gramm wird der Grundpreis für 100 Milliliter beziehungsweise Gramm angegeben.

Rabatte für Kunden

Ein weiteres Wettbewerbsinstrument können Rabatte sein. Wie beim Einkauf der Apotheken sind Naturalrabatte für Arzneimittel auch gegenüber den Apothekenkunden verboten (siehe Kap. 5.3). Barrabatte sind dagegen für nicht preisgebundene Produkte möglich. Die diesbezüglichen Regelungen zur zulässigen Höhe und zur Art der Ankündigung in der Werbung sind teilweise juristisch umstritten. Preisänderungen dagegen sind nicht zu beanstanden und erscheinen als sicherere Alternative.

In vielen Apotheken werden Rabatte in der Größenordnung von etwa 3 bis 5 Prozent für Inhaber von Kundenkarten gewährt. Allerdings müssen alle Kunden in den Genuss der Rabatte kommen können. Wenn die Rabatte an Kundenkarteninhaber gewährt werden, müssen alle Kunden solche Karten erhalten können, sofern sie es wünschen. Wenn in Apotheken derartige Rabatte angeboten werden, müssen sie bei der Preisbildung beachtet werden. Die Aufschläge sollten so bemessen sein, dass auch nach Rabattabzug noch die geplanten Rohgewinne verbleiben.

Fazit

Als Fazit ist für die Preisbildung ein stufenweises Vorgehen zu empfehlen: Aufschlagskalkulation mit unterschiedlichen Aufschlägen für verschiedene Produktgruppen mit geringer Wettbewerbsintensität, Orientierung an unverbindlichen Preisempfehlungen, soweit gewünscht, und individuelle Preisbildung nach intensiver Marktbeobachtung für Produkte mit hoher Wettbewerbsintensität. Zur Abgrenzung sind klare Regeln erforderlich, die als Betriebsgeheimnis betrachtet werden müssen und auch gegenüber Kunden nicht erläutert werden dürfen. Denn jede Information anderer Apotheken über die eigene Vorgehensweise ist ein Verstoß gegen das Kartellrecht. Dies gilt sogar für die Ankündigung, bei bestimmten Arzneimitteln die „alte" Arzneimittelpreisverordnung anzuwenden. Die Wettbewerber dürfen nicht sicher wissen können, ob das in einer bestimmten Apotheke so ist.

Bei der abgestuften Vorgehensweise leisten nicht alle Produkte anteilig den gleichen Beitrag zur Deckung der Kosten. Entscheidend ist dabei, einen Kompromiss aus hohen Roherträgen und marktorientierten Preisen zu finden. So werden in der Summe aller Produkte die höchsten Roherträge erzielt. Je mehr Produkte mit geringen Aufschlägen angeboten werden, umso mehr andere Produkte müssen mit hohen Aufschlägen verkauft werden.

5.7. Preiskalkulation für Dienstleistungen

Nach den Überlegungen zur Preisbildung für Waren aller Art sind die Preise für Dienstleistungen zu betrachten, die ebenfalls von Apotheken angeboten werden. Im Unterschied zum Angebot von Waren gibt es bei Dienstleistungen keine Einkaufs- oder Einstandspreise, weil die Leistungen erst vom Apothekenteam erbracht werden.

Wie im Kapitel 3.3 dargestellt, werden Dienstleistungen in Apotheken nicht immer mit dem Zweck der Gewinnerzielung angeboten. Doch sollten für Dienstleistungen möglichst die gleichen wirtschaftlichen Grundsätze wie für das Angebot von Waren berücksichtigt werden. Sie sollten also nicht zu Verlusten, sondern normalerweise zu Gewinnen führen. Auch wenn nur eine Kostendeckung angestrebt wird, gilt es zu überlegen, welche Kosten bei der Dienstleistung überhaupt entstehen. So sind bei Dienstleistungen folgende Kosten zu berücksichtigen:

- Kosten für die Arbeitszeit,
- Kosten für die Verbrauchsmaterialien, beispielsweise bei Analysen jeder Art,
- Abschreibung für die Anschaffungskosten von Geräten oder Computerprogrammen.

Wenn die Anschaffungskosten für ein langfristig genutztes Gerät durch die Anzahl der Nutzungen dividiert wird, die während der erwarteten Nutzungsdauer des Gerätes stattfinden werden, ergibt sich ein angemessener Wert für die Kalkulation einer **nutzungsabhängigen Abschreibung** bei einer einzelnen Anwendung. So können die Kosten für eine einmalige Nutzung des Gerätes kalkuliert werden. Hinzu kommen die einfacher ermittelbaren Kosten für die Arbeitszeit und Verbrauchsmaterialien. Wenn die für die Dienstleistung erhobenen Preise – meist als **Gebühren** oder Honorare bezeichnet – unter der Summe aller dieser Kosten liegen, entstehen Verluste.

Dienstleistungen als Marketing

Viele Dienstleistungen in Apotheken werden zu Preisen angeboten, die nicht oder gerade eben kostendeckend sind. Oft werden die Kosten unterschätzt, meist wird aber mit anderen Vorteilen der Dienstleistungen argumentiert. So können mit Blutdruck- und Blutzuckermessungen gefährliche Gesundheitsstörungen erkannt werden. Diese Leistungen drücken die Verantwortung des Apothekers als Heilberufler gegenüber den Patienten aus. Sie müssen daher nicht unbedingt kostendeckend erbracht werden. Meist wird nur eine sogenannte **Schutzgebühr** erhoben, die Kunden von einer übertriebenen missbräuchlichen Nutzung dieser Angebote abhalten soll. Die Schutzgebühr sollte wenigstens den überwiegenden Teil der Kosten decken.

Andere Leistungen wie die computergestützte Reiseimpfberatung werden dagegen aus Apothekensicht meist nicht vorrangig als Dienstleistung, sondern eher als Marketingmaßnahme (zum Marketing siehe Kap. 7.5) verstanden. Im Vordergrund steht dann nicht ein möglicher Ertrag aus der Leistung. Stattdessen soll die Leistungsfähigkeit der Apotheke herausgestellt und der Umsatz an Arzneimitteln für die Reiseapotheke gefördert werden. Ähnliche Überlegungen gelten für den Verleih von Milchpumpen und Babywaagen, die junge Eltern als Kunden an die Apotheke binden sollen. So kann eine vordergründig verlustbringende Dienstleistung in der Gesamtbetrachtung erfolgreich sein. Aus betriebswirtschaftlicher Sicht ist eine solche Argumentation aber stets kritisch zu hinterfragen. Dienstleistungen sollten möglichst kostendeckend angeboten werden. Anderenfalls sollte regelmäßig anhand der Zahl der verkauften Packungen überprüft werden, ob der Umsatz der angeblich geförderten Sortimente tatsächlich steigt.

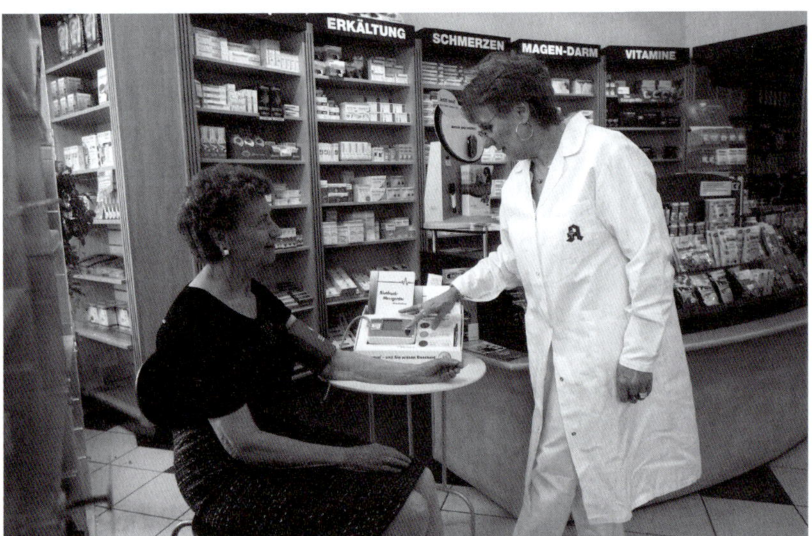

Abb. 5.4: Die Blutdruckmessung ist eine typische Dienstleistung, die in Apotheken für den Gesundheitsschutz der Bevölkerung gegen eine geringe Schutzgebühr erbracht wird. Quelle: ABDA

Gewinnbringende Dienstleistungen

Neben den in vielen Apotheken angebotenen, allenfalls kostendeckenden Dienstleistungen werden in einigen Apotheken auch Dienstleistungen angeboten, die direkt und ohne den Umweg über Verkäufe von Produkten Gewinne einbringen. Dazu können ausgefallene Laboruntersuchungen, z. B. im Rahmen der Umweltanalytik, kosmetische Anwendungen und Angebote im Zuge des Wellness-Trends gehören. Solche Dienstleitungen können eine eigene Ertragsquelle neben den Warenverkäufen darstellen und die Apotheke unabhängiger von den Warenumsätzen machen. Dies erscheint betriebswirtschaftlich sehr vorteilhaft, zumal erst verhältnismäßig wenige Apotheken solche Dienstleistungen anbieten und sich eine Apotheke damit im Wettbewerb von anderen Apotheken abgrenzen kann. Dies kann wiederum die Warenumsätze erhöhen, weil es zusätzliche Kunden in die Apotheke führt.

Das Wichtigste in Kürze

- *Die Verkaufspreise für verschreibungspflichtige Fertigarzneimittel werden nach dem Kombimodell ermittelt. Auf den Apothekeneinkaufpreis werden ein dreiprozentiger Aufschlag, ein fester Aufschlag von 8,10 Euro und die Mehrwertsteuer aufgeschlagen.*
- *Die Verkaufspreise für nichtverschreibungspflichtige Fertigarzneimittel, die nicht zu Lasten der GKV abgegeben werden, sind frei kalkulierbar.*
- *Als Grundlage für eine wirtschaftlich angemessene Preisbildung sollten die Einstandspreise ermittelt werden. Dabei müssen alle Einkaufskonditionen wie Rabatte, Boni und Skonti berücksichtigt werden.*
- *Mithilfe der Kostenrechnung können Preisuntergrenzen bestimmt werden, die eine Deckung der variablen Kosten sicherstellen.*
- *Die Preisbildung mit festen Aufschlagssätzen ist einfach, kann aber zu Ergebnissen führen, die für die Wettbewerbssituation der jeweiligen Produkte unangemessen sind.*
- *Die Beobachtung der Wettbewerber und die Reaktionen der Kunden sind die Grundlagen für die marktorientierte Preisbildung.*

Übungen

Frage 5.1: Für welche Produkte gilt eine Preisbindung gemäß Arzneimittelpreisverordnung?

a) für alle apothekenpflichtigen Arzneimittel
b) für verschreibungspflichtige Arzneimittel
c) für alle in Apotheken verkauften Arzneimittel.

Frage 5.2: Was wird mit einer Preis-Absatz-Funktion beschrieben?

a) das optimale Verhalten der Apotheke angesichts der Angebote der Konkurrenz
b) das richtige Einkaufsverhalten der Apotheke bei verschiedenen Rabatten und Skonti
c) die verkauften Mengen bei unterschiedlichen Preisen als Ergebnis des Kaufverhaltens der Kunden.

Frage 5.3: Bitte vervollständigen Sie den Satz: Bei der Betrachtung von Spanne und Aufschlag ...

a) ... ist die Spanne immer ein kleinerer Prozentsatz.
b) ... ist die Spanne immer ein größerer Prozentsatz.
c) ... sind diese beiden Prozentsätze immer gleich groß.

Übungen (Fortsetzung)

Frage 5.4: Ein nichtverschreibungspflichtiges Arzneimittel hat einen ausgewiesenen Einkaufspreis von 240 € pro Packung. Es wird ein Barrabatt von 3% und nach Abzug des Rabattes zusätzlich ein Skonto von 1% gewährt. Wie hoch ist der Einstandspreis pro Packung (auf die 2. Nachkommastelle gerundet)?

a) 232,80 €
b) 230,47 €
c) 230,40 €.

Frage 5.5: Ein nichtverschreibungspflichtiges Arzneimittel mit einem Einstandspreis von 20 € hat eine unverbindliche Preisempfehlung von 29,75 € einschließlich Mehrwertsteuer (19%). Wie hoch ist die Spanne?

a) 20,00%
b) 25,00%
c) 28,75%.

Frage 5.6: Welche Größen zählen zu den kalkulatorischen Kosten einer Apotheke?

a) alle Kosten der Apotheke
b) kalkulatorische Miete, kalkulatorische Zinsen, Unternehmerlohn
c) kalkulierte Einkaufs- und Verkaufspreise.

Frage 5.7: Was sind Opportunitätskosten?

a) die entgangenen Vorteile aus der besten nicht realisierten Alternative
b) die Einstandspreise des Wettbewerbers
c) die Zielgröße der Kostenrechnung.

Lösungen siehe Anhang 2.

6 Lagerwirtschaft und Controlling

Die Lagerhaltung ist eine wichtige Aufgabe der Apotheken im Rahmen ihres Versorgungsauftrags. Außerdem ist die Lieferfähigkeit ein bedeutendes Wettbewerbskriterium für Apotheken, das Lager ist aber auch ein großer Kostenfaktor. Zwischen zu viel und zu wenig liegt daher bei der Lagerhaltung oft nur ein schmaler Grat. Mit welchen Methoden für die verschiedenen Produkte jeweils eine angemessene Lösung zu finden ist, erfahren Sie in diesem Kapitel.

6.1 Inhaltliche Abgrenzung

Neben der Preisbildung stellt die Lagerwirtschaft ein weiteres grundlegendes betriebswirtschaftliches Thema dar, das gerade angesichts der großen Zahl verschiedener Artikel in Apotheken für den Apothekenalltag besonders bedeutsam ist. Manche Aspekte können sowohl der Lagerwirtschaft als auch dem Marketing zugeordnet werden – letztlich zielen ohnehin alle betriebswirtschaftlichen Überlegungen auf den Erfolg der Apotheke. Doch stehen in der Lagerwirtschaft eher die angebotenen Produkte und im Marketing mehr die Patienten und Kunden der Apotheke im Mittelpunkt der Betrachtung.

Im Zusammenhang mit der Lagerwirtschaft stellen sich im Apothekenalltag immer wieder zwei Fragen. Einerseits ist zu entscheiden, wann ein bestimmter Artikel in welcher Menge zu bestellen ist. Dies ist das Thema **Bestellmengenoptimierung**, das im Kapitel 6.2 dargestellt wird. Anderseits ist bei einigen Produkten zu entscheiden, ob sie überhaupt vorrätig gehalten werden sollen. Darum geht es im Kapitel 6.3. Auf der Grundlage der vorangegangenen Kapitel und der folgenden Überlegungen zur Lagerwirtschaft wird im Kapitel 6.4 das **Controlling** dargestellt. Dabei geht es darum, wie die Rentabilität einer Apotheke zu untersuchen ist und wie der wirtschaftliche Erfolg auf der Grundlage solcher Untersuchungen verbessert werden kann. Dies wird im Kapitel 6.5 anhand spezieller Methoden des Sortiments-Controllings vertieft.

Was ist Marketing?

» Marketing ist die Gesamtheit aller Aktivitäten in Unternehmen, die zu einer besseren Positionierung im Wettbewerb beitragen. Mit Wettbewerb ist hier der Leistungskampf verschiedener Anbieter auf einem Markt um die Gunst der Nachfrager gemeint. Letztlich zielt das Marketing auf den Verkauf der angebotenen Produkte zu gewinnbringenden Preisen. Die typischen Instrumente des Marketings sind nach außen, also auf die Kunden, gerichtet. Sie werden im Kap. 7 dargestellt. Doch auch viele Aspekte der Lagerwirtschaft zielen letztlich auf die Kunden, insbesondere die Auswahl des Warensortiments.

6.2 Bestellmengenoptimierung

Die grundlegenden Begriffe, die das Bestellverhalten bei einem bestimmten Produkt kennzeichnen, sind die **Bestellmenge**, also die bei einer Bestellung jeweils bestellte Anzahl der Packungen, und der **Bestell(zeit)punkt**. Letzterer wird üblicherweise als **Mindestlagermenge** ausgedrückt. Sobald nur noch diese Menge des Produktes im Lager ist, wird die Bestellung ausgelöst. Die Mindestlagermenge soll ausreichen, um die Zeit bis zum Eintreffen der bestellten Waren zu überbrücken.

Technische Grundlagen

Bestellmengen und -zeitpunkte werden meist mithilfe der EDV optimiert. Eine Ausnahme bilden die selten gewordenen einfachen Systeme, bei denen nur die vom Menschen ausgelösten Bestellungen ausgeführt werden. Bei den „point of reordering“ (**POR**)-Systemen (engl. *reorder* = Wiederbestellung) erhält die EDV vom Nutzer die Anweisung, einen bestimmten Artikel zu bestellen, weil die Mindestbestellmenge erreicht ist, und schlägt dann die Bestellmenge vor. Der Computer erfasst bei diesen Systemen nicht jeden Abverkauf. Bei „point of sale“ (**POS**)-Systemen (engl. *sale* = Verkauf) erfasst die EDV dagegen jeden einzelnen Verkauf, erkennt damit auch, wenn die Mindestlagermenge erreicht ist, und schlägt dann eine Bestellmenge vor. Da die dafür nötigen Daten beim Bedrucken der Rezepte ohnehin bearbeitet werden müssen, sind POS-Systeme weit verbreitet. Unabhängig von der angewendeten Technik sollten Bestell- und Mindestlagermengen anhand der gleichen betriebswirtschaftlichen Überlegungen ermittelt werden. Den Computerprogrammen liegen teilweise komplizierte mathematische Modelle zugrunde, aber deren Grundgedanken gelten auch für Bestellungen ohne Computerhilfe.

Großes oder kleines Lager?

Bei der Ermittlung der Bestellmenge stehen die Kosten der Wareneingangsbearbeitung und die Lieferbedingungen der Lieferanten auf der einen Seite den Lagerkosten und der Gefahr des Verfalls auf der anderen Seite gegenüber. Jede Bearbeitung im Wareneingang kostet Arbeitszeit. Es ist natürlich wesentlich einfacher, einmal fünf Packungen zu bearbeiten als fünf Mal eine Packung. Außerdem lassen sich bei der Abnahme größerer Mengen meist günstigere Einstandspreise erzielen. Andererseits kostet das Lager Geld, weil die Ware meist kurzfristig bezahlt werden muss und das Geld nicht anderweitig gewinnbringend eingesetzt werden kann oder sogar von der Bank ausgeliehen werden muss. Diese Kosten werden als **Finanzierungskosten des Lagers** bezeichnet. Im ersteren Fall ergeben sie sich als Opportunitätskosten (siehe Kap. 5.4) aus anderen Verwendungsmöglichkeiten, im letzteren Fall hängen sie von den Zinsen ab, die an die Bank gezahlt werden müssen. Außerdem erfordert ein großes Lager mehr Räume und Möbel, was zu weiteren Kosten führt. Je mehr Packungen gelagert werden, umso größer ist auch das Verfallrisiko, denn über lange Zeiträume lassen sich die Verkaufszahlen schlechter abschätzen. Die Bedeutung des Verfallrisikos hängt aber auch vom Hersteller des Produktes ab, weil kulante Hersteller verfallene Packungen zumindest unter bestimmten Bedingungen ersetzen. Letztlich sind alle diese Vor- und Nachteile kleiner und großer Bestell- und damit auch Lagermengen gegeneinander abzuwägen.

Um die optimalen Bestell- und Mindestlagermengen zu ermitteln, müssten alle Lieferbedingungen und alle Kosten des Wareneingangs und des Lagers bekannt sein. Manchen Computerprogrammen liegen solche Rechnungen zugrunde, für Überlegungen im Apothekenalltag ist dies jedoch unrealistisch. In der Apotheke wird nur sehr selten zwischen beliebigen Bestellmengen ausgewählt. Stattdessen ist nur eine begrenzte Auswahl zu treffen, die sich aus den Rabattregelungen der Großhändler oder der Industrie ergibt. Daher wird in der Praxis meist nur zwischen wenigen üblichen Bestellmengen unterschieden, wie 1, 3, 5 oder 10 Packungen. Ausnahmen kann es geben, wenn ein bestimmtes Arzneimittel möglicherweise aus therapeutischen Gründen immer in einer bestimmten Zahl von Packungen verordnet wird oder stets nur für einen Patienten in dieser Zahl benötigt wird. Doch dann ergibt sich die Bestellmenge auch ohne betriebswirtschaftliche Optimierung.

Mindestlagermenge

Auch die Frage nach der Mindestlagermenge ist kaum anhand der Lager- oder Bestellkosten zu beantworten. Dabei gilt es vielmehr, die Lieferbereitschaft in der Zeit zwischen der Auslösung der Bestellung und dem Eintreffen der neuen Ware sicherzustellen. Bei Großhandelsbestellungen ist dies nur ein Zeitraum von einigen Stunden, aber andererseits kann durch ein fehlendes Produkt ein Rezept mit weiteren Verordnungen für die Apotheke „verloren" gehen und schlimmstenfalls sogar ein Kunde verärgert werden. Dies spricht für eher großzügige Mindestlagermengen. Eine angemessene Lösung des Problems lässt sich langfristig finden, wenn die Zahl der nicht erfüllten Kundenwünsche gezählt wird.

Defektquote

In diesem Zusammenhang ist oft von der Defektquote die Rede. Dies ist eine **betriebswirtschaftliche Kennzahl** (siehe unten). Sie gibt die Anzahl der aufgrund nicht vorhandener Produkte nicht belieferten Rezepte und nicht erfüllten Kundenwünsche im Verhältnis zur Gesamtzahl aller Kunden an. Dabei kann einerseits unterschieden werden, ob der Kunde „verloren" geht oder ob der fehlende Artikel nachbestellt wurde. Andererseits kann unterschieden werden, ob ein sonst vorrätiges Produkt nur ausnahmsweise nicht vorhanden war oder ob ein Produkt verlangt wurde, das eigentlich nicht vorrätig ist. Je nachdem, welche dieser Daten erfasst werden, ergeben sich unterschiedliche Definitionen für die Defektquote, also für den Anteil der nachgefragten, aber nicht vorrätigen Produkte an der Gesamtanzahl der Kundenwünsche oder Verordnungen. Zum Teil werden auch andere Namen dafür gebraucht (Nein-Verkäufe, Nicht-Verkäufe). Wichtiger als die Bezeichnungen, die je nach Softwareanbieter verschieden sein können, sind die Inhalte der Begriffe. Ohnehin kann die Apotheken-EDV nur Daten über solche Ereignisse liefern, die konsequent vom Apothekenteam erfasst und in die EDV eingegeben werden. In dem hier interessierenden Zusammenhang geht es nur um einen kleinen Teil der Defektquote, nämlich um den Anteil der nicht erfüllten Wünsche oder Verordnungen bei Produkten, die normalerweise vorrätig sind.

Tipp für die Praxis

Wenn die Defekte bei Produkten, die eigentlich vorrätig sein sollten, gezielt erfasst werden, ist dies eine wichtige Hilfestellung, um die Mindestlagermengen angemessen festzulegen. Bei einer großen oder sogar steigenden Defektquote für die normalerweise vorrätigen Produkte sollten die Mindestlagermengen erhöht werden.

Betriebswirtschaftliche Kennzahlen

» Kennzahlen sind häufig verwendete Hilfsmittel, mit denen komplexe betriebswirtschaftliche Sachverhalte jeweils in einer vergleichsweise einfachen Größe zusammengefasst werden. Sie zielen auf den Kern einer betriebswirtschaftlichen Fragestellung und reduzieren umständliche Beziehungsgeflechte auf das Wesentliche. So soll mithilfe der Kennzahlen erkannt werden, bei welchen Abläufen im Unternehmen Veränderungen sinnvoll sind, um den Erfolg zu verbessern. Die Defektquote und die Lagerumschlagsgeschwindigkeit sind Beispiele für solche Kennzahlen. Das betriebswirtschaftliche Teilgebiet, das sich mit diesem Thema beschäftigt, heißt Controlling. Es wird im Kap. 6.4 dargestellt.

Pharmazeutische Aspekte

Nicht für alle Produkte mit gleicher Bestellmenge gilt zwangsläufig auch die gleiche Mindestlagermenge. Denn bei Produkten, die oft gleichzeitig oder mehrfach schnell hintereinander verlangt werden, kann eine besonders große Mindestlagermenge sinnvoll sein. Das ist aber eher eine pharmazeutische als eine betriebswirtschaftliche Frage. Z. B. können in kurzer Zeit viele Packungen von Mitteln gegen Kopfläuse verlangt werden, wenn viele Eltern von Kindern aus dem nahen Kindergarten in die Apotheke kommen, obwohl vorher wochenlang keine Packung verkauft wurde. Entsprechendes gilt, wenn ein Arzt in der Nachbarschaft plötzlich ein bestimmtes Produkt „in der Feder" hat.

Eine weitere Einschränkung zu den rein betriebswirtschaftlichen Überlegungen zur Mindestlagermenge ergibt sich aus apothekenrechtlichen Vorschriften. So wird in § 15 Apothekenbetriebsordnung gefordert, Arzneimittel der in der Anlage 2 zu dieser Verordnung genannten Indikationsgruppen für einen durchschnittlichen Wochenbedarf vorrätig zu halten. Die meisten genannten Indikationsgruppen umfassen eine Vielzahl von Arzneistoffen, die ihrerseits wieder in vielen Dosierungen und Packungsgrößen von vielen Herstellern vorrätig sein dürften. Der Wochenbedarf wird sich daher nicht aus einem einzelnen Artikel ergeben. Doch könnte eine Bestellpolitik, die konsequent auf sehr knappe Mindestmengen setzt, an die Grenze des Wochenbedarfs führen. Dabei ist auch an den Fall zu denken, dass alle Artikel einer Indikationsgruppe möglicherweise gleichzeitig kurz vor der Auslösung der Bestellung stehen. Dies sollte bei der Festlegung von Mindestlagermengen berücksichtigt werden.

Lagerumschlagsgeschwindigkeit – Berechnung

Vor dem Hintergrund der vorangegangenen Überlegungen reduziert sich die Bestelloptimierung auf die Auswahl zwischen einigen wenigen realistischen

Bestellmengen, die sich meist aus unterschiedlichen Rabattbedingungen ergeben. Als Hilfsmittel erweist sich in der Praxis eine vergleichsweise einfache Größe: die Lagerumschlagsgeschwindigkeit (LUG). Sie wird auch als **Drehzahl** eines Produktes bezeichnet. Für einzelne Produkte wird sie in folgender Weise ermittelt:

$$\text{LUG} = \frac{\text{Jährlich umgesetzte Stückzahl}}{\text{Durchschnittlicher Lagerbestand}}$$

Die Lagerumschlagsgeschwindigkeit gibt an, wie oft der durchschnittliche Lagerbestand innerhalb eines Jahres verkauft wird. Sie kann auch für Gruppen von Artikeln oder für das Warenlager insgesamt ermittelt werden. Wegen der unterschiedlichen Preise verschiedener Artikel gilt dann die folgende Rechnung:

$$\text{LUG} = \frac{\text{Jahresumsatz zu Einstandspreisen (in €)}}{\text{Wert des durchschnittlichen Lagerbestandes zu Einstandspreisen (in €)}}$$

Die Lagerumschlagsgeschwindigkeit oder Drehzahl ist damit eine benennungslose Größe. Sie gibt in nur einer Zahl ein aussagekräftiges Bild des Bestellverhaltens im Verhältnis zum Umsatz für ein Produkt, eine Produktgruppe oder die ganze Apotheke. Die Lagerumschlagsgeschwindigkeit trägt keine Maßeinheit, weil sich bei beiden Berechnungsmethoden jeweils gleiche Einheiten im Zähler und Nenner herauskürzen. In manchen EDV-Programmen für Apotheken wird die Lagerumschlagsgeschwindigkeit für unterschiedliche Produktgruppen errechnet und angezeigt. Für einzelne Produkte lässt sie sich auch ohne Rechnerhilfe ungefähr abschätzen, wie im folgenden Beispiel: Wenn von einem Artikel jeweils zehn Packungen bestellt werden, sobald ein Mindestbestand von vier Packungen erreicht ist, beträgt die Lagermenge üblicherweise zwischen vier und vierzehn Packungen und damit im Durchschnitt neun Packungen. Die jährlich abgesetzte Zahl der Packungen dividiert durch neun Packungen wäre dann die Lagerumschlagsgeschwindigkeit. Dies ist aber nur eine Abschätzung für den Fall, dass der Abverkauf gleichmäßig stattfindet und zwischen Bestellung und Wareneingang keine Packungen verkauft werden.

Lagerumschlagsgeschwindigkeit – Nutzen für das Bestellverhalten

Die Lagerumschlagsgeschwindigkeit eignet sich als einfache Zielgröße. Der Apothekenleiter kann einen bestimmten Wert als Ziel vorgeben. Wenn in der EDV der tatsächliche Wert abzulesen ist oder der Chef regelmäßig die jeweiligen Werte bekannt gibt, kann das Team erkennen, ob eher zu häufig zu kleine

Mengen oder zu selten zu große Mengen bestellt werden. Dementsprechend kann die Vorgehensweise bei Bestellungen beibehalten oder in die gewünschte Richtung geändert werden.

Allerdings unterscheiden sich die verschiedenen Produktgruppen in Apotheken so erheblich, dass sie auch verschiedene Lagerumschlagsgeschwindigkeiten haben. Daher sollten auch die angestrebten Lagerumschlagsgeschwindigkeiten möglichst für verschiedene Produktgruppen unterschieden werden. Möglicherweise beruht ein unbefriedigendes Ergebnis für das Gesamtlager nur auf einer ungünstigen Arbeitsweise bei einzelnen Produktgruppen. So sind bei verschreibungspflichtigen Arzneimitteln durchaus Lagerumschlagsgeschwindigkeiten von 12 bis 14 gut zu erreichen. Bei Sichtwahlartikeln sind dagegen 6 bis 8 eher realistisch, weil einige Produkte oft in größeren Mengen direkt vom Hersteller bezogen werden. Aus dem gleichen Grund liegen die Werte für Freiwahlprodukte oft noch darunter, etwa bei 3 bis 5. Solche Werte sind ein beträchtlicher Nachteil dieser Produkte für den wirtschaftlichen Erfolg der Apotheke. Bei Depotkosmetik, die nur direkt beim Hersteller gekauft wird, wenn sich ein größerer Auftrag ansammelt, kann der Wert noch tiefer liegen. Dies sollte allerdings ein Warnsignal sein, dass diese Produkte für die Apotheke betriebswirtschaftlich nicht sinnvoll sind, weil sie zu viel Geld im Lager binden und im Verhältnis dazu zu selten verkauft werden. Für eine gesamte Apotheke sind durchschnittliche Lagerumschlagsgeschwindigkeiten von etwa 8 realistisch, aber dies kann stark vom jeweiligen Anteil der Selbstmedikationsprodukte abhängen und lässt sich kaum verallgemeinern.

Niedrige Werte zeigen eine sehr starke Bindung des Kapitals im Lager an. Hier sollte nach Ladenhütern gesucht und die Bestellpolitik hinterfragt werden. Tendenziell sind höhere Werte besser, weil das Geld dann weniger lange im Lager gebunden ist. Dies ist aber nur günstig, solange die Lieferbereitschaft nicht verschlechtert wird und der Aufwand im Wareneingang zu bewältigen ist. Eine Verschlechterung der Lieferbereitschaft wäre anhand der oben erläuterten Defektquote erkennbar, sofern diese getrennt für die vorrätig gehaltenen Artikel ermittelt wird.

Großhandels- oder Direktbezug?

Einen wesentlichen Einfluss auf die Lagerumschlagsgeschwindigkeit hat die Entscheidung für die Bestellung der Arzneimittel oder sonstigen Waren entweder beim pharmazeutischen Großhandel oder direkt beim Hersteller. Dies ist eine apothekentypische Frage, die in anderen Unternehmen kaum zu stellen ist, weil ein so schnell lieferfähiger Großhandel mit einem so umfangreichen

Sortiment fast nur in der Pharmabranche existiert. Damit stellt sich bei vielen häufig verkauften Arzneimitteln und einigen Waren des Randsortiments die Frage, ob sie beim Großhandel oder direkt gekauft werden sollen. Der vermehrte Direktbezug großer Warenmengen verringert tendenziell die Lagerumschlagsgeschwindigkeit. Befürworter der Direktbestellung schlagen vor, bei kurzfristigen Engpässen kleinere Mengen beim Großhandel zu kaufen, bis wieder eine Direktlieferung eintrifft.

Für die Auswahl zwischen Großhandels- oder Direktbezug gibt es keine allgemein verbindliche Antwort. Es gelten die gleichen Argumente, wie sie eingangs für ein kleines oder großes Lager angeführt wurden. Vereinfacht läuft dies auf die Frage hinaus, ob der Direktbezug so viel günstigere Einstandspreise bietet, dass dies die Nachteile der umfangreicheren Lagerhaltung mehr als ausgleicht. Dabei darf auch der beträchtliche Aufwand für die Organisation großer Direktbestellungen und die Abwicklung des Zahlungsverkehrs nicht vernachlässigt werden.

Als Kompromiss zwischen Großhandels- und Direktbezug werden einige Mischformen angeboten, die die Vorteile beider Möglichkeiten verbinden sollen. Dazu gehören sogenannte **Überweisungsaufträge** (dieser Spezialbegriff darf nicht mit dem gleichlautenden allgemein verbreiteten Begriff aus dem Zahlungsverkehr verwechselt werden, der eine Überweisung von Geld auf ein fremdes Konto bezeichnet). Dabei wird eine Direktbestellung beim Hersteller durch den pharmazeutischen Großhandel ausgeführt und abgerechnet. Dies vereinfacht die Organisation, aber nicht die Lagerhaltung in der Apotheke. Außerdem bieten verschiedene Apothekenkooperationen ihren Mitgliedsapotheken an, gemeinsam bestellte Ware in kleinen Mengen von einem Großhandel abzurufen, der in die Partnerschaft eingebunden ist. Wie solche Konzepte zu beurteilen sind, hängt stets von den Vereinbarungen im Einzelfall und den sonstigen Bedingungen für die Teilnahme an der Kooperation ab. Doch sollte die weitreichende Entscheidung zur Beteiligung an einer Kooperation nicht allein auf der Grundlage eines möglichen Einkaufsvorteils getroffen werden.

Ein weiterer Spezialfall der Belieferung wird seit 2008 zunehmend diskutiert: das Konzept **„direct-to-pharmacy“** (DTP = direkt zur Apotheke). Bei dieser Vorgehensweise bleibt der Hersteller bis zur Belieferung der Apotheke Eigentümer der Ware, die Apotheke erhält ihre Rechnung direkt vom Hersteller und bezahlt den Preis an diesen. Dagegen wird der Großhändler nicht zwischenzeitlich Eigentümer der Ware, sondern er führt nur die Belieferung durch und befindet sich damit rechtlich in einer Position wie ein Post- oder Speditionsunternehmen, das allein für die Lieferung bezahlt wird. Dabei bedient sich der Hersteller meist nur eines oder weniger Großhändler und schließt damit andere Großhändler vom Umgang mit diesen Arzneimitteln aus. Der Hersteller erhält so eine Übersicht, wohin welche Packungen geliefert werden. Einige Hersteller sehen darin große Vorteile, weil damit vermieden werden könne, dass Fälschungen in die Versorgung eingeschleust werden. Durch die Kontrolle der gelieferten Mengen könnten Hersteller aber auch vermeiden, dass ausländische Importeure in großen Mengen Arzneimittel aufkaufen, um sie im Ausland in den Handel zu bringen. Da diese Vorgehensweise insbesondere in Großbritannien bereits praktiziert wird, könnte sie auch in Deutschland Bedeutung erlangen. Kritiker wenden dagegen ein, dass so das Konzept des vollsortierten Großhandels untergraben wird, der die Apotheken komplett mit dem gesamten Arzneimittelsortiment beliefern kann. Denn dann wären einige Arzneimittel immer nur über bestimmte Großhändler zu erhalten.

Beispielrechnungen zur Lagerumschlagsgeschwindigkeit

Beispiel 6.1

Von einem Arzneimittel werden im Laufe eines Jahres 40 Packungen verkauft. Im Jahresdurchschnitt sind in der Apotheke 4 Packungen vorrätig. Wie hoch ist die Lagerumschlagsgeschwindigkeit dieses Produktes in dieser Apotheke?

Beispiel 6.2

Von den Produkten einer Kosmetikserie werden im Laufe eines Jahres Packungen mit einem Einstandswert von 6.000 € verkauft. Im Jahresdurchschnitt sind in der Apotheke Packungen dieser Kosmetikserie im Einstandswert von 2.000 € vorrätig. Wie hoch ist die durchschnittliche Lagerumschlagsgeschwindigkeit dieser Kosmetikserie in dieser Apotheke?

Lösungen siehe Anhang 1.

6.3 Sortimentsgestaltung

Im Unterschied zu den Überlegungen zur Bestell- und zur Mindestlagermenge befasst sich die Sortimentsgestaltung mit der Frage, ob bestimmte Produkte überhaupt wieder bestellt oder ob sie neu in das Lager aufgenommen werden sollen. Bei verschreibungspflichtigen Arzneimitteln geht es oft darum, ob jeweils eine Packung davon vorrätig gehalten werden soll. Im Randsortiment ist dagegen eher zu fragen, welches von mehreren konkurrierenden Produkten in einer größeren Menge in das Lager aufgenommen werden soll. Die Neuaufnahme eines Produktes in das Warenlager wird im kaufmännischen Sprachgebrauch auch als **Neulisten** bezeichnet. Dahinter steckt die Vorstellung einer gedachten Liste, auf der alle regelmäßig vorrätigen Artikel verzeichnet sind. Das Streichen eines Artikels aus dem Sortiment heißt dementsprechend **Auslisten**.

Zunächst zur Lagerhaltung einzelner Packungen bei selten verordneten oder nachgefragten Arzneimitteln oder ausgefallenen Produkten des Randsortiments: Im Gegensatz zur Optimierung der Bestell- und Mindestlagermengen bei häufig verkauften Artikeln geht es dabei nicht um einen möglichst guten Ausgleich zwischen Bestell- und Lagerkosten und damit um eine Kostensenkung für die Apotheke, sondern um die viel grundlegendere Frage, ob ein bestimmtes Produkt überhaupt angeboten und verkauft wird beziehungsweise ob die Vorratshaltung des Produktes Erfolg verspricht oder nicht.

Hier ist wieder zwischen verschiedenen Argumenten abzuwägen. So sprechen die Lagerkosten und das Risiko des Verfalls für ein eher kleines Sortiment, also wenige verschiedene Produkte. Selten verkaufte Artikel, die die durchschnittliche Lagerumschlagsgeschwindigkeit senken, sollten daher möglichst wenig aufgenommen werden. Bei den selten verkauften Produkten kommt dem Verfallrisiko eine weitaus größere Bedeutung zu als bei einer hohen Bestellmenge häufiger verkaufter Produkte. Das Gegenargument für ein großes Lager bildet hier allein die Lieferfähigkeit, die bei den häufig verkauften Produkten nur für die Festlegung der Mindestlagermenge relevant ist.

Lieferfähigkeit als Wettbewerbsfaktor

Doch gerade das eine Argument der Lieferfähigkeit verdient größte Beachtung. Denn sie ist ein wichtiger Wettbewerbsfaktor, mit dem sich eine Apotheke gegenüber anderen Apotheken auf sinnvolle Weise profilieren kann. Für den Kunden kann es erheblichen Aufwand verursachen, nochmals in die Apotheke zu kommen. Auch ein noch so gut gemeinter Botendienst kann wieder andere Probleme aufwerfen, weil dann eine Zeit vereinbart werden muss, zu der der Kunde zu Hause wartet. Natürlich trifft diese Argumentation auf die einzige Apotheke in einem Dorf nicht so sehr zu wie auf Apotheken, die sich in einer belebten Einkaufsstraße gegenüberliegen.

So steckt in jedem noch so ausgefallenen Produkt ein gewisses Potenzial, einen neuen Kunden von der Leistungsfähigkeit der Apotheke zu überzeugen und zum Stammkunden zu machen. Dies ist in der Betriebswirtschaftslehre eine eher ausgefallene Situation und stellt eine Besonderheit der Apotheken dar, die in erster Linie die verschreibungspflichtigen Arzneimittel betrifft. Denn im Gegensatz zu anderen Produktwünschen von Kunden können diese Arzneimittel nicht substituiert werden – abgesehen von der generischen Substitution bei wirkstoffgleichen Arzneimitteln, die jedoch aufgrund der vielen sozialrechtlichen und vertragsbedingten Sonderregeln eher weitere Probleme aufwirft als löst.

Vor diesem Hintergrund kann ein großes Warenlager zu einem Erfolgsfaktor für eine Apotheke werden. Wenn es zum Verfall vieler Packungen führt, kann es eine Apotheke aber auch ruinieren. Dies gilt besonders seit der Einführung der Arzneimittelpreisverordnung von 2004 (siehe Kap. 5.1). Denn bei hochpreisigen verschreibungspflichtigen Arzneimitteln ist der Rohertrag (oder Rohgewinn) einer Packung im Vergleich zum Einstandspreis sehr gering. Bei einem ausgewiesenen Einkaufspreis von 100 Euro beträgt der Rohertrag beispielsweise 11,10 Euro, sofern keine Rabatte anfallen. Vom Bruttoverkaufspreis ist bei der Abgabe des Arzneimittels zu Lasten der GKV der Kassenabschlag von 2,30 Euro abzuziehen (Stand: Ende 2008). Dieser Abschlag enthält 19 Prozent Mehrwertsteuer und beträgt daher ohne Mehrwertsteuer 1,93 Euro. Von dem ohne Berücksichtigung des Abschlages ermittelten Rohertrag verbleiben daher nur 9,17 Euro. Dann müssten elf Packungen (rechnerisch: 10,9) verkauft werden, um nur den Einkaufswert einer verfallenen Packung zu ersetzen. Daher sollte der Verfall von Arzneimitteln verhindert werden, wenn dies irgendwie möglich ist. Dies kann ein wesentliches Argument sein, niedrigpreisige Packungen großzügiger in das Lager aufzunehmen, bei hochpreisigen Produkten aber sehr zurückhaltend zu sein.

Entscheidung anhand der Rückgabebedingungen

Letztlich erweisen sich die mit dem Großhandel vereinbarten Rückgabebedingungen als wesentlicher Schlüssel für die Gestaltung des Warenlagers bei selten gängigen Produkten. Vorzugsweise sollte vereinbart werden, dass die Produkte einige Monate, vielleicht ein halbes Jahr oder sogar noch länger nach der Bestellung an den Großhandel zurückgeschickt werden können und die Rechnungsbeträge dann gutgeschrieben werden.

Tipp für die Praxis

Die mit dem Großhandel vereinbarten Rückgabetermine müssen unbedingt sorgfältig überwacht werden, damit die Produkte rechtzeitig zurückgegeben werden können, wenn sie bis zum Ablauf der Frist nicht verkauft werden. Außerdem muss schon beim Wareneingang geprüft werden, ob die Restlaufzeit bis zum Verfalltermin auch zum Zeitpunkt der möglichen Rücksendung noch für die Rückgabe ausreichen würde. Dabei kommt es ganz genau auf die mit dem Großhandel vereinbarten Rückgabebedingungen an. Wenn hier sorgfältig gearbeitet wird, kann die Apotheke mit einer guten Lieferfähigkeit sehr erfolgreich sein.

Vorgehensweise im Detail

Nach diesen grundsätzlichen Erwägungen gilt es weiter, nach den Argumenten für oder gegen die Lagerhaltung eines bestimmten Artikels zu fragen. Die

Grundlage für diese Entscheidung ist das sorgfältige Erfassen der nicht belieferten Rezepte und der nicht erfüllten Kundennachfragen. Dabei sind zwei Fälle zu unterschieden: Nicht vorrätige Artikel, die für einzelne Kunden gesondert bestellt werden, erfasst die EDV sozusagen „automatisch", da die Bestellung über die EDV ausgeführt wird. Noch interessanter sind die Artikel, die nachgefragt, aber nicht bestellt wurden. Diese werden nicht zwangsläufig erfasst, doch sollte dies unbedingt geschehen. Denn gerade dies sind verlorene Umsätze, nicht dagegen die bestellten Artikel. Gerade bei wichtigen, eilig benötigten Artikeln wird sich der Patient eher nicht auf eine Bestellung einlassen, sondern eine andere Apotheke aufsuchen. So können gerade die Informationen über die wichtigsten Artikel systematisch verloren gehen, wenn solche nicht belieferten Wünsche oder Verordnungen nicht erfasst werden. Dann werden wertvolle Daten verschenkt, wie sie Unternehmen in anderen Wirtschaftszweigen durch teure Marktforschung zu ermitteln versuchen. Wird ein Artikel so oft verlangt wie andere Produkte mit ähnlichem Preisniveau, die üblicherweise vorrätig gehalten werden, sollte dieser Artikel in das Lager aufgenommen werden.

Ebenso wie neu aufzunehmende Artikel sollten die bereits im Lager befindlichen Artikel überprüft werden. In der Praxis werden Lagerartikel, die nur sehr selten umgesetzt werden, oft ohne weiteres Hinterfragen nachbestellt, um den Platz im Schrank wieder zu füllen. Andererseits wird gezögert, einen neuen Artikel aufzunehmen, der erst selten verlangt wurde. Hier sollten aber die gleichen Maßstäbe gelten. Im Zweifel wäre bei gleicher Umsatzhäufigkeit sogar der neuere Artikel vorzuziehen. Denn ein altes Produkt, das früher gut verkauft wurde, ist inzwischen eventuell überholt. Das neue Produkt steht dagegen vielleicht gerade am Beginn einer günstigen Entwicklung.

In manchen Fällen ergibt sich die Entscheidung aber auch aus pharmazeutischen Erwägungen. So kann ein eher seltenes Reserveantibiotikum im Ernstfall, insbesondere im Notdienst, entscheidend sein. Oft sind gerade die seltenen Arzneimittel besonders wichtig, da es dann um außergewöhnliche und damit auch meist bedrohliche Krankheitsfälle geht. Daher darf die Apotheken-EDV nicht so programmiert sein, dass sie unbemerkt vom pharmazeutischen Personal die Wiederbestellung seltener, aber wichtiger Artikel unterlässt.

Steuerung mit Kennzahlen

Abgesehen von solchen begründeten Ausnahmen läuft die Entscheidung über die Aufnahme von Artikeln in das Warenlager auf die Festlegung einer erwarteten Mindestabsatzmenge in einem bestimmten Zeitraum hinaus. Wenn die tatsächlich verkauften Mengen oder die erfassten Rezepte oder Nachfragen über dieser Grenze liegen, sollte der Artikel vorrätig sein. Ob die Grenze zu hoch oder zu niedrig gewählt ist und geändert werden muss, ergibt sich aus der Beobachtung der relevanten Kennzahlen. Dies ist einerseits die Lagerumschlagsgeschwindigkeit für das ganze Lager oder die jeweilige Produktgruppe und andererseits die Defektquote als Kennzahl für die Lieferfähigkeit, wobei hier der Anteil der Nachfragen nach grundsätzlich nicht vorrätig gehaltenen Produkten an der Gesamtzahl der Kunden gemeint ist (im Gegensatz zur Defektquote für die nur ausnahmsweise nicht vorrätigen Artikel, siehe Kap. 6.2).

Wenn die Lagerumschlagsgeschwindigkeit sinkt, sollten selten umgesetzte Produkte nicht mehr so großzügig ins Lager genommen werden – es sei denn, eine zuvor beklagte hohe Defektquote würde dabei erheblich reduziert. Wenn sich die Defektquote dagegen nicht ändert, dürfte die Veränderung der Lagerumschlagsgeschwindigkeit allerdings eher durch die Vorgehensweise bei der Bestellung anderer Artikel ausgelöst worden sein. Dieses Beispiel zeigt eine typische Eigenschaft betriebswirtschaftlicher Kennzahlen: Sie geben wichtige Anhaltspunkte für die betriebswirtschaftliche Steuerung, ihre Bedeutung ergibt sich aber oft erst aus der gemeinsamen Betrachtung mehrerer Kennzahlen.

Die Wirkung der selten umgesetzten Artikel auf die Lagerumschlagsgeschwindigkeit zeigt, dass die beiden Fragen nach der richtigen Bestellweise für gängige Produkte und nach der richtigen Vorgehensweise bei der Lagerhaltung weniger gängiger Produkte nicht immer voneinander zu trennen sind. Eine ausgefeilte Einkaufspolitik bei den häufigen Produkten kann den finanziellen Spielraum für die seltenen Artikel erweitern. Denn alle Artikel gemeinsam wirken auf die Umschlagsgeschwindigkeit des Gesamtlagers.

Auswahl bei substituierbaren Produkten

Die bisher angestellten Überlegungen zur Lagerhaltung und Bestellweise lassen sich prinzipiell auf alle Artikel anwenden, gelten aber ganz besonders für Arzneimittel und Produkte des Randsortiments für eher spezielle Zwecke. Denn es wurde bisher unterstellt, dass die Produkte nicht substituierbar sind, die Kundenwünsche also nicht beeinflusst werden können. Doch in der Selbstmedikation und noch viel mehr in großen Teilen des Randsortiments gilt diese Voraussetzung nur begrenzt. Bei solchen Produkten kann das Apothekenpersonal durch die Beratung und die Apotheke insgesamt durch die Präsentation der Waren die Wünsche der Kunden beeinflussen. Dies wiederum ist bei Entscheidungen über die Lagerhaltung und die Aufnahme von Produkten ins Lager zu berücksichtigen und eröffnet vielfältige, bisher noch nicht betrachtete

Aspekte. Während die bisherigen Betrachtungen stark auf die Besonderheiten von Apotheken ausgerichtet waren, gelten die folgenden Überlegungen vielfach allgemein im Einzelhandel.

Hier geht es zumeist nicht um die Frage, ob überhaupt eine Packung vorrätig gehalten werden soll, sondern welches von mehreren konkurrierenden Produkten aufgenommen wird, dann aber meist mit einer großen Packungszahl. Manchmal ist sogar über ein ganzes Sortiment zu entscheiden. Das kann von einer Zahnseidemarke mit mehreren Varianten über ein Kosmetikdepot mit vielen verschiedenen Produkten bis zur Entscheidung über die Aufnahme ganzer Produktgruppen gehen. Typisch ist dabei die Auswahl zwischen verschiedenen Möglichkeiten, beispielsweise verschiedenen Kosmetikserien, die nicht in beliebiger Zahl gelistet werden können. Die Alternative ist hier jeweils nicht der Verzicht auf den Umsatz, sondern die Aufnahme eines substituierbaren Konkurrenzproduktes. So ergeben sich ganz andere Fragen als bei den nichtsubstituierbaren Arzneimitteln.

Lagerbreite und Lagertiefe

Diese Entscheidungen stehen in engem Zusammenhang zum Marketing, hier sollen aber zunächst die Folgen für die Struktur des Lagers betrachtet werden. Dazu gehört die Frage nach dem günstigsten Verhältnis zwischen Lagerbreite und Lagertiefe. Die Lagerbreite beschreibt die Anzahl der Produktgruppen in einem Gesamtlager. So ist in der Apotheke zu entscheiden, ob überhaupt Bücher, Kompressionsstrümpfe, dekorative Kosmetik oder diätetische Lebensmittel angeboten werden sollen. Als Lagertiefe wird dagegen die Anzahl der Produkte innerhalb einer Gruppe bezeichnet, also beispielsweise die Zahl der verschiedenen angebotenen Zahnpasta- oder Kosmetikmarken.

Einige Kosmetikhersteller bieten den Apotheken nur an, ihre Produkte als komplettes Depot oder gar nicht übernehmen zu können. Bei den meisten anderen Artikeln ist jedoch zu entscheiden, wie viele Produkte einer Produktgruppe angeboten werden. Wenn in einer Apotheke z. B. Diätnahrung, dekorative Kosmetik oder Babyartikel angeboten werden, sollte die Tiefe des Sortiments dem Image der Apotheke gerecht werden. Dabei geht es nicht nur um verschiedene Größen, Farben oder Packungseinheiten, sondern meist auch um Angebote konkurrierender Hersteller. Viele Kunden erwarten dies, auch wenn die Produkte aus Sicht von Fachleuten weitgehend austauschbar erscheinen.

Ein umfassendes Warenangebot konkurrierender Produkte, also eine große Lagertiefe, wird von vielen Kunden als nützlich empfunden. Moderne aufgeklärte Verbraucher möchten sich selbst ein Bild von den verfügbaren Alternativen machen und zumindest scheinbar selbstständig auswählen. Auch wenn die Pharmazeuten als kompetente Berater eine Empfehlung aussprechen können, was für den jeweiligen Kunden die optimale Lösung ist, empfinden viele Menschen die eigene Wahlmöglichkeit als Vorteil. Sie beurteilen dies als nützlich. Den wahrgenommenen Nutzen des Kunden zu mehren, sollte zu den wesentlichen Zielen des Marketings gehören.

Lagerbreite und Lagertiefe

» Lagerbreite: Maß für die Vielfalt der Produktgruppen.
Lagertiefe: Maß für die Vielfalt der Varianten innerhalb einer Produktgruppe.

Beschränkung als Vorteil

Eine große Lagertiefe kann aber zu vielen selten umgesetzten Artikeln mit allen negativen Folgen führen. Sie bindet finanzielle Mittel, erfordert Platz für die Präsentation und erhöht das Verfallrisiko. Dies alles schränkt wiederum den Spielraum für die mögliche Lagerbreite ein. So können die wenigsten Apotheken jeder theoretischen Möglichkeit nachgehen, das Angebot im Randsortiment zu erweitern. Vielmehr gilt es, für die am jeweiligen Standort erfolgversprechenden Sortimente ein umfassendes Angebot zu bieten.

Im Vorgriff auf das Kapitel 7 über Marketing sei erwähnt, dass gutes Marketing eine schlüssige Strategie erfordert. Alle Bereiche, die die Beziehung zwischen den Kunden und der Apotheke betreffen, sollten aufeinander abgestimmt sein. Kundengruppen mit bekannten Bedürfnissen sollten möglichst gezielt angesprochen werden. Neben den Grenzen der Lagerhaltung und des verfügbaren Raums ist dies ein weiterer Grund, nicht gleichzeitig alle möglichen Trends im Randsortiment aufzugreifen. Denn nicht alle Zielsetzungen sind beliebig miteinander kombinierbar.

Konkurrierende Sortimente

Einen zusätzlichen Aspekt bekommt die Sortimentsauswahl bei solchen Produkten, die untereinander in Konkurrenz um knappe Regalflächen stehen. Bei Arzneimitteln, die in den Schubladen lagern und im Beratungsgespräch angeboten werden, ist dies nicht relevant. Bei Freiwahlprodukten, die nur Umsatz versprechen, wenn die Kunden sie sehen können, hat dies dagegen große

Bedeutung. In den meisten Apotheken gibt es mehr potenzielle Freiwahlprodukte als Platz in der Freiwahl. So kann es sein, dass nicht nur zwischen verschiedenen Kosmetikserien, sondern zwischen vollkommen unterschiedlichen Produkten ausgewählt werden muss. Bücher, Kosmetika und Nahrungsergänzungsmittel konkurrieren um den verfügbaren Platz. Für die richtige Entscheidung ist die Betrachtung der Opportunitätskosten hilfreich (siehe Kap. 5.4). Bei der Entscheidung für ein Produkt ist stets zu fragen, welches Produkt damit aus der Freiwahl ausgeschlossen wird und welche Erträge dieses Produkt verspricht. Insofern sind die Bücher ein besonders gutes Beispiel für eine solche Entscheidungssituation, weil bei ihnen die Roherträge pro verkauftem Buch feststehen. Bei Produkten mit freier Preisbildung ist nicht nur die zu erwartende Absatzmenge, sondern auch der durchsetzbare Preis schwierig vorherzusagen. Die Betrachtung enthält dadurch noch mehr unbekannte Größen. Das Konzept der Opportunitätskosten und der Vergleich der Roherträge sind aber nicht die einzigen Hilfsmittel für Entscheidungen über konkurrierende Sortimente. Weitere Methoden werden im Rahmen des Sortiments-Controllings im Kapitel 6.5 vorgestellt.

6.4 Controlling

Jeder Apothekenleiter wünscht sich eine betriebswirtschaftlich erfolgreiche Apotheke. Auch die Apothekenmitarbeiter sind daran interessiert, denn nur so sind die Arbeitsplätze sicher. Doch wie kann der wirtschaftliche Erfolg gemessen und verbessert werden?

Als Maß für den wirtschaftlichen Erfolg eines Unternehmens dient der Gewinn, der als absolute Größe oder als Rentabilität, also bezogen auf das eingesetzte Kapital, ausgedrückt werden kann (siehe Kap. 4.1). Eine solche Betrachtung des gesamten Unternehmens gibt aber keine Informationen darüber, welche geschäftlichen Tätigkeiten in welchem Umfang zum Gesamterfolg beitragen, welche Tätigkeiten möglicherweise den Gewinn mindern und wo Ansatzpunkte für Verbesserungen liegen. Um solche Erkenntnisse zu erlangen, müssen die verschiedenartigen Vorgänge näher untersucht und in wirtschaftlicher Hinsicht bewertet werden. Damit beschäftigt sich das Controlling. Dazu gehört die Sammlung von Daten im Unternehmen, ihre Darstellung in Kennzahlen und das Ableiten von Empfehlungen für die künftige Tätigkeit des Unternehmens. So schafft das Controlling die Grundlage für Entscheidungen der Unternehmensleitung.

Ein wichtiges Hilfsmittel für das Controlling in allen Wirtschaftsbereichen sind **Kennzahlen**. Damit können komplexe betriebswirtschaftliche Sachverhalte jeweils in einer vergleichsweise einfachen Größe zusammengefasst werden. Sie zielen auf den Kern einer betriebswirtschaftlichen Fragestellung und reduzieren umständliche Beziehungsgeflechte auf das Wesentliche. Im Idealfall sollten wenige Kennzahlen ein umfassendes Bild von der wirtschaftlichen Situation eines Unternehmens und von den wichtigsten Geschäftsvorgängen, die für den Erfolg wesentlich sind, vermitteln. So kann die Führung eines Unternehmens erkennen, welche Änderungen erforderlich sind, um den wirtschaftlichen Erfolg des Unternehmens zu verbessern.

Bei vielen Kennzahlen ist der absolute Wert weniger interessant als der Vergleich verschiedener Werte. Einerseits kann verglichen werden, wie sich die Kennzahl innerhalb eines Unternehmens beziehungsweise einer Apotheke im Laufe der Zeit verändert, andererseits kann der Wert mit anderen Apotheken verglichen werden. Dies kann helfen, ungünstige Entwicklungen im Zeitverlauf oder im Verhältnis zu anderen Unternehmen frühzeitig zu erkennen und rechtzeitig gegenzusteuern. Im günstigsten Fall zeigt die Entwicklung der Kennzahlen den Erfolg von Veränderungen im Unternehmen an.

Controlling in Apotheken

Da das Controlling einzelne Tätigkeitsbereiche gezielt betrachtet, gibt es dafür nicht so allgemeine Regeln wie für das Rechnungswesen oder die Bilanzierung, die letztlich alle Handelsunternehmen in gleicher Weise betreffen. Das Controlling für Apotheken muss daher gezielt auf die Fragestellungen und die Einflussmöglichkeiten im Apothekenbetrieb zugeschnitten sein.

In Apotheken beginnt das Controlling bei der Datenerfassung in Warenwirtschaftssystemen, es schließt betriebswirtschaftliche Auswertungen durch den Steuerberater ein und endet beim Apothekenleiter, der die aussagekräftigsten Kennzahlen auswählt und seine Entscheidungen daran ausrichten sollte. Das Controlling kann auch in den Alltag aller Apothekenmitarbeiter hineinwirken, weil manche Kennzahlen durch alltägliche Entscheidungen wie die Festlegung von Bestellmengen oder Bestellpunkten oder die Gestaltung der Sichtwahl beeinflusst werden. Der Apothekenleiter kann **Zielwerte** für die Kennzahlen vorgeben und jede Mitarbeiterin kann in ihrem Verantwortungsrahmen ihren Beitrag zum Erreichen der gesetzten Unternehmensziele leisten und den Erfolg anhand der Kennzahlen verfolgen.

Dies ist unter anderem bei den **Sortimentskennzahlen** möglich, die teilweise bereits erwähnt wurden. Zu den Sortimentskennzahlen gehören die Lagerumschlagsgeschwindigkeit und die Handelsspanne einzelner Artikel oder Warengruppen und ihr Umsatz oder Rohgewinn in einer bestimmten Zeit. Bei einer Präsentation in der Frei- oder Sichtwahl können auch Umsatz oder Rohgewinn pro Regalmeter interessieren. Mit diesen Kennzahlen sollen möglichst genaue Informationen über den wirtschaftlichen Erfolg einzelner Produkte oder Produktgruppen ermittelt werden. Denn der Erfolg der Apotheke ergibt sich aus dem Erfolg ihrer einzelnen Leistungen und der einzelnen verkauften Produkte. Doch auch die Betrachtung des gesamten Lagers kann Anhaltspunkte geben. Neben der Lagerumschlagsgeschwindigkeit wird der Lagerwert in Prozent vom Umsatz betrachtet. Geringe Lagerumschlagsgeschwindigkeiten und hohe Lagerwerte sprechen für übermäßige Lagerhaltung und damit hohe Kapitalbindung.

Apothekenleiter betrachten darüber hinaus Kennzahlen wie die Zahl der verschriebenen Packungen pro Kunde oder den Barumsatz pro Kunde. Im Vergleich mit anderen Apotheken geben diese Kennzahlen eine Orientierung, ob die Apotheke das in ihren Kunden liegende Ertragspotenzial ausnutzt oder ob größere Bemühungen um Zusatzverkäufe Erfolg versprechen. Der Umsatz pro Fläche im Vergleich zu anderen Apotheken kann bei Entscheidungen über mögliche Umbauten helfen. Der Rohgewinn oder Deckungsbeitrag pro Mitarbeiter ermöglicht Aussagen über die Organisation, aber auch über den Erfolg bei Zusatzverkäufen. Daher können solche Kennzahlen auch als Grundlage für erfolgsabhängige Prämien an das Apothekenteam dienen (siehe unten).

Benchmarking

Die Kennzahlen können in verschiedener Weise genutzt werden. Das Setzen von Zielwerten ist sinnvoll, um dem Apothekenteam eine Orientierung für eigene Entscheidungen zu geben, wie oben dargestellt. Erreichbare Ziele ergeben sich meist aus Vergleichen. Dies können Vergleiche mit früheren Werten der jeweiligen Apotheke sein. So kann das Ziel gesetzt werden, immer besser zu werden. Dann bleibt aber offen, ob dies überhaupt realistisch ist. Sinnvoller sind daher Vergleiche mit besonders erfolgreichen Apotheken. Eine solche Orientierung wird als Benchmarking (engl. *bench* = (Sitz-)bank; hier im Sinne einer anzustrebenden Zielmarke gemeint) bezeichnet, der angestrebte Wert eines Vergleichsunternehmens heißt dann die Benchmark. Wenn andere Apotheken in vergleichbaren Situationen bessere Werte erreichen, erscheint es sinnvoll, solche Werte als Ziel zu setzen.

Benchmarking

» Benchmarking ist die Orientierung an besonders erfolgreichen Unternehmen.

Beispiele für verbreitete Benchmarks in Apotheken sind die Umsätze und Roherträge pro Packung für verschiedene Teile des Sortiments, insbesondere die Sicht- und Freiwahl (siehe Kap. 6.5). Im Jahr 2007 wurden beispielsweise für Apotheken in Mecklenburg-Vorpommern durchschnittliche Umsätze (ohne Mehrwertsteuer) von 5,70 Euro für eine Sichtwahlpackung und 4,16 Euro für eine Freiwahlpackung genannt. Die dazu gehörenden Roherträge betrugen 2,60 Euro pro Sichtwahlpackung und 1,06 Euro pro Freiwahlpackung (vgl. Stiftel 2007). Solche Daten können sowohl Anhaltspunkte für die Auswahl der Produkte in der Sicht- beziehungsweise Freiwahl als auch für die Gestaltung ihrer Preise geben.

Kennzahlsysteme

Wenn andere Apotheken bessere Werte erzielen, können intensivere Betrachtungen der Kennzahlen manchmal auch Anhaltspunkte bieten, wie die andere Apotheke dies erreicht. Dies gilt zumindest für solche Kennzahlen, die Verhältnisgrößen aus zwei Größen darstellen. Solche Kennzahlen können ihrerseits wieder aus anderen Kennzahlen zusammengesetzt werden. So können Kennzahlsysteme erstellt werden, die bei der Suche nach den Erfolgsfaktoren helfen. Das gilt auch im umgekehrten Fall: Wenn eine Kennzahl durch einen besonders schlechten Wert auffällt, sollten die zugrunde liegenden Größen hinterfragt werden, um die Ursache des Problems aufzuspüren.

Ein Beispiel für die Zusammenhänge in einem solchen Kennzahlsystem bilden die Umsätze pro Kunde (vgl. Hüsgen 2007): Geringer Umsatz pro Kunde und hohe Personalkosten pro Kunde würden auf den ersten Blick für Einsparungen beim Personal sprechen. Der Umsatz pro Kunde setzt sich aber aus dem Umsatz und der Kundenzahl zusammen. Wenn nun die Kundenzahl hoch, aber andere Kennzahlen wie verschriebene Packungen oder Barumsätze pro Kunde oder der Rohgewinn pro beschäftigte Person niedrig sind, spräche das eher dafür, qualifizierteres und damit teureres Personal einzusetzen, das pro Kunde höhere Barumsätze erzielen könnte – im Gegensatz zur zunächst naheliegenden Interpretation.

Erfolgskontrolle mit Kennzahlen

Doch die Kennzahlen können noch mehr: Wenn nach der Analyse der Kennzahlen daraus betriebswirtschaftliche Entscheidungen abgeleitet werden, kann anhand der späteren Entwicklung der Kennzahlen ermittelt werden, ob die Maßnahmen erfolgreich sind. Wenn beispielsweise ein bestimmtes Teilsortiment im Schaufenster oder in der Sichtwahl präsentiert wurde, sollte sich dies in erhöhten Umsätzen niederschlagen. Noch interessanter wird es, wenn die bevorzugte Präsentation bei einem Produkt erfolgreich war, bei einem anderen Produkt aber ohne Wirkung bleibt. Dies wäre ein wertvoller Hinweis für künftige Entscheidungen über die Auswahl der präsentierten Artikel. Einen Eindruck von der Vielfalt der Kennzahlen vermittelt die Tabelle 6.1. Über die dort genannten Beispiele hinaus gibt es viele weitere in Apotheken interessante Kennzahlen.

Tabelle 6.1: Beispiele für Kennzahlen in Apotheken

Themengebiet	Beispiele für einfache Kennzahlen	Beispiele für zusammengesetzte Kennzahlen (Verhältnisgrößen)
Lagerwirtschaft	Produkt- oder sortimentsbezogener Umsatz, Lagerbestand, Zahl der Defekte bei Lagerartikeln oder bei Nichtlagerartikeln	Lagerumschlagsgeschwindigkeit, Defektquote(n) (für verschiedene Fragestellungen)
Optimierung der Frei- und Sichtwahl	Produkt- oder sortimentsbezogener Umsatz oder Rohertrag, Anzahl der Regalmeter	Umsatz oder Rohertrag pro Regalmeter
Erfolgsrechnung	Umsatz, Barumsatz, Rezeptanzahl, Gewinn, Gesamtkosten, Personalkosten, Kundenzahlen (jeweils pro Monat oder Jahr)	Umsatz, Barumsatz, Rezeptanzahl oder Gewinn pro Mitarbeiter oder pro Kunde, Personalkosten oder Gesamtkosten pro Kunde
Liquidität	Bestand der Geldwerte, Forderungen und Verbindlichkeiten	Liquidität 1., 2. oder 3. Grades

Honorierung nach Kennzahlen

» Kennzahlen können auch ein Hilfsmittel für die Bemessung von Erfolgshonoraren für das Apothekenteam sein. Grundsätzlich erscheint es eine interessante Möglichkeit, das Apothekenteam durch Prämien, die vom Apothekenerfolg abhängen, an diesem teilhaben zu lassen, um so einen zusätzlichen Anreiz für die Arbeit zu geben. Ein großes Problem dabei ist aber die Frage, wie der Erfolg gemessen werden soll. Werden die erzielten Umsätze der einzelnen Mitarbeiter als Erfolgsgrößen betrachtet, würde das nichtpharmazeutische Personal benachteiligt und das pharmazeutische Personal bekäme einen Anreiz, alle Tätigkeiten ohne direkten Kundenkontakt zu vernachlässigen, also auch die Rezeptur- und Laborarbeit. Sinnvoller erscheint daher eine gemeinsame Teamprämie für alle, die sich an einer Kennzahl orientiert, deren Verbesserung gerade für diese Apotheke als besonders wichtig betrachtet wird. So kann sich z. B. beim Vergleich mit anderen Apotheken ergeben, dass der Umsatz pro Kunde eher gering ist. Dann wäre es eine sinnvolle Aufgabe für das ganze Team, diesen Wert zu verbessern. Der Erfolg wäre an dieser Kennzahl abzulesen. Dann könnte sie auch zur Grundlage für eine Teamprämie gemacht werden.

6.5 Spezielle Methoden des Sortiments-Controllings

Controlling ist ein allgemein anwendbares Konzept für die Unternehmensführung in allen Bereichen des Unternehmens. Im Zusammenhang mit der Lagerwirtschaft werden in diesem Kapitel beispielhaft einige Methoden des Sortiments-Controllings vorgestellt, die Hilfe bei der Auswahl des Sortiments bieten. Damit werden die Betrachtungen des Kapitels 6.2 und insbesondere des Kapitels 6.3 weiter vertieft.

Umsatz als Sortimentskennzahl

Eine Grundlage für diese Betrachtungen bilden die Kennzahlen der Produkte oder die Sortimentskennzahlen zur Beschreibung größerer Produktgruppen oder Warensortimente. Besonders wichtig und oft gebraucht ist der Umsatz in einer bestimmten Zeitspanne, beispielsweise pro Monat oder pro Jahr. Gemeint ist hier nicht der gesamte Umsatz der Apotheke, sondern der Umsatz eines bestimmten Produktes oder einer Produktgruppe. Es gilt (siehe auch Kap. 5.2):

Umsatz (in €) = Verkaufte Menge (in Packungen) · Verkaufspreis (in € pro Packung)

Für weitere Auswertungen reicht es nicht aus, nur Packungen zu zählen. Vielmehr sind Angaben zum Wert und damit die Umsätze erforderlich, um Marktanteile eines Produktes und das Wachstum des Marktes zu beschreiben. Als **Marktanteil** eines Produktes wird der Umsatzanteil des Produktes an den gesamten Umsätzen einer Gruppe konkurrierender Produkte bezeichnet. Das **Marktwachstum** ist die Zunahme des gesamten Umsatzes aller dieser konkurrierenden Produkte in einem bestimmten Zeitraum. In den Abgrenzungen der betrachteten Produkte liegt eine gewisse Willkür, weil im Einzelfall bezweifelt werden kann, welche Produkte miteinander konkurrieren. So kann beispielsweise der Markt für Erkältungsmittel insgesamt oder unterteilt nach Darreichungsformen, nach Wirkstoffgruppen oder sogar nach einzelnen Wirkstoffen betrachtet werden. Analysen zu Marktanteilen und zum Marktwachstum werden oftmals von Arzneimittelherstellern für alle Umsätze in Deutschland angestellt. Doch kann es auch für einzelne Apotheken interessant sein, die Anteile verschiedener Produkte an den Gruppen jeweils vergleichbarer Artikel zu betrachten und mit den deutschlandweiten Marktanteilen zu vergleichen. Dies kann zeigen, ob die Apotheke am Erfolg der jeweiligen Produkte angemessen profitiert.

Rohgewinn als Sortimentskennzahl

Andere Kennzahlen zielen dagegen nicht auf den ganzen Markt, sondern vorrangig auf die Betrachtung innerhalb einer Apotheke. Dazu gehören der Rohgewinn und die Handelsspanne, die mit einem Produkt erzielt werden. Dabei ist der Rohgewinn (oder Rohertrag) (siehe Kap. 5.2) für die Apotheke interessanter als der Umsatz. Denn was nützt ein großer Umsatz, von dem kaum etwas zur Deckung der Kosten übrig bleibt? – Bei der Betrachtung ganzer Sortimente interessiert aber nicht der Rohgewinn einer einzelnen Packung, sondern aller verkauften Packungen eines Produktes oder einer Produktgruppe innerhalb eines Zeitraumes. Als Alternative zum Rohgewinn, der einen absoluten Geldbetrag darstellt, wird mitunter die Handelsspanne als relative Größe, also in Prozent, betrachtet. So lassen sich Produkte aus unterschiedlichen Preiskategorien besser miteinander vergleichen. Denn ein Markenkosmetikum, das für 50 Euro verkauft wird, bietet einen höheren (absoluten) Rohgewinn als z. B. eine Zahnbürste. Möglicherweise hat die Zahnbürste aber eine höhere (relative) Handelsspanne, weil der Hersteller die Apotheken und andere Handelsunternehmen mit günstigen Einkaufskonditionen lockt. Da die Apotheke aber nicht von Prozenten, sondern von Geldbeträgen lebt, reicht die Handelsspanne nie allein aus, um über die Bedeutung einer Produktgruppe zu entscheiden.

Brutto-Nutzen-Ziffer

Eine weitere Kennzahl ist die Brutto-Nutzen-Ziffer. Es gilt (mit LUG = Lagerumschlagsgeschwindigkeit):

$$\text{Brutto-Nutzen-Ziffer (in \%)} = \text{LUG} \cdot \text{Aufschlag (in \%)}$$

Die Brutto-Nutzen-Ziffer gibt an, wie viel Prozent des durchschnittlich im Lager gebundenen Warenwertes im Laufe eines Jahres als Rohgewinn an das Unternehmen fließen. Damit verbindet sie Aspekte der Bestellweise, des Absatzes und der Preisgestaltung in einer Kennzahl. So drückt sie die Vorteilhaftigkeit des Produktes für das Unternehmen gut aus. Doch lässt sich bei Veränderungen der Brutto-Nutzen-Ziffer nicht direkt auf die Ursache schließen. Je größer die Brutto-Nutzen-Ziffer ist, umso vorteilhafter ist das Produkt für den wirtschaftlichen Erfolg der Apotheke.

Die genannten Kennzahlen können sowohl für einzelne Produkte als auch für Produktgruppen ermittelt werden. Letztlich zielen die meisten Betrachtungen auf die Fragen, ob die Produkte in das Lager aufgenommen und ob sie bevorzugt präsentiert werden sollen. Wie groß die Sortimentsgruppen für eine Betrachtung gewählt werden sollten, hängt jeweils von der Fragestellung ab. So können einzelne Arzneimittelmarken unterschiedlicher Indikationen verglichen werden, die um einen guten Platz in der Sichtwahl konkurrieren, während bei einer anderen Frage die Kosmetikserien verschiedener Hersteller verglichen werden und in der nächsten Betrachtung ganze Sortimente wie Sportler- oder Kindernahrung auf dem Prüfstand stehen.

ABC-Analyse

Mithilfe der Sortimentskennzahlen soll beantwortet werden, welche Produkte für die Apotheke wirtschaftlich besonders vorteilhaft sind und daher herausgestellt werden sollten. Die Kennzahlen sollen dies in Zahlen fassen. Damit eröffnen sie den Weg zu einer sehr verbreiteten Betrachtungsweise: zur ABC-Analyse. Mit ihr werden alle betrachteten Produkte in drei Gruppen eingeteilt, die als A, B und C bezeichnet werden. Damit sind für die Rentabilität der Apotheke besonders wichtige (A), etwas weniger wichtige (B) und wirtschaftlich eher uninteressante (C) Produkte gemeint. Die Betrachtung wird meist anhand des Umsatzes durchgeführt, ist aber in gleicher Weise für den Rohgewinn oder andere Sortimentskennzahlen möglich, je nach Ziel der Betrachtung.

Die generelle Vorgehensweise ist dabei aber immer wieder gleich: Das erste Drittel der Produkte mit den besten Werten (für Umsatz, Rohgewinn oder was immer betrachtet wird) bildet die Gruppe A. Diese Gruppe ist stets zu bevorzugen. Das nächste Drittel bildet die Gruppe B. Diese kann im Rahmen der Möglichkeiten gefördert werden, verdient aber nicht so große Anstrengungen wie Gruppe A. Das letzte Drittel mit den schlechtesten Werten bildet die Gruppe C. Diese Produkte sollten nicht gefördert werden, damit die Mühe auf die anderen Produkte konzentriert werden kann. Dabei müssen die drei Gruppen keineswegs etwa gleich viele Produkte enthalten. Meist steht jede Gruppe etwa für den gleichen gesamten Umsatz oder Rohgewinn, der sich aber in der Gruppe A auf viel weniger Produkte als in der Gruppe C verteilt.

Diese Vorgehensweise wird durch die Erfahrung begründet, dass in fast allen Handelsunternehmen eine sehr kleine Gruppe besonders erfolgreicher Produkte einen unverhältnismäßig großen Beitrag zum Erfolg des Unternehmens leistet, während umgekehrt eine Vielzahl weniger bedeutender Produkte eher Kosten verursacht, aber kaum Erfolg bringt. Allerdings ist diese allgemein übliche Betrachtungsweise nur begrenzt auf Apotheken übertragbar. Denn sie würde den Rat nahelegen, auf die Lagerhaltung vieler selten verkaufter Arzneimittel zu verzichten. Doch ist es gerade eine wesentliche Leistung der Apotheken, auch Patienten mit ausgefallenen Erkrankungen schnell zu versorgen. Im Gegensatz zu Produkten in vielen anderen Wirtschaftszweigen sind verordnete Arzneimittel nicht substituierbar. Die ABC-Analyse ist daher in Apotheken nur begrenzt anwendbar. Doch kann sie auf jeden Fall für die Bestückung der Frei- und Sichtwahl gut genutzt werden.

Tipp für die Praxis

Pharmazeutische Großhändler und andere Institutionen, die über Marktdaten von Apotheken verfügen, bieten Informationen an, welche Frei- und Sichtwahlprodukte welche Anteile am Gesamtumsatz des Apothekenmarktes haben. Die A-Produkte mit den höchsten Umsätzen oder den größten Wachstumsraten sollten die besten Plätze in der Warenpräsentation erhalten. Die B-Produkte können auf den weniger guten Plätzen untergebracht werden. Für die C-Produkte reicht der verfügbare Platz zur Präsentation im Normalfall nicht mehr aus.

Ein weiterer Hintergrund zur ABC-Analyse ist die Erfahrung, dass es meist viel einfacher ist, eine gute Sache noch besser zu machen, als einen Misserfolg in einen Erfolg umzukehren. Anders ausgedrückt: Die Stärken des Unternehmens weiter zu stärken ist meist einfacher, als die Schwächen zu beseitigen. Demnach sollten gerade die stärksten Produkte weiter gefördert werden.

Marktanteil und Marktwachstum beobachten

Ausgehend von diesen einfachen Grundgedanken hat sich in der Betriebswirtschaftslehre eine weitere Betrachtungsweise zur Gliederung des Warensortiments durchgesetzt. Sie beruht auf einer Einteilung, die schon vor Jahrzehnten von der Unternehmensberatung „Boston Consulting Group“ entwickelt und seitdem in unzähligen Varianten in der betriebswirtschaftlichen Literatur abgewandelt wurde. Hier soll die ursprüngliche Fassung grob skizziert werden.

Für das ganze Warensortiment oder die zur Betrachtung ausgewählten Produkte oder Produktgruppen werden dabei zwei Eigenschaften ermittelt: der **Marktanteil** und das **Marktwachstum**. Je nach Zielsetzung kann der Marktanteil unter den vergleichbaren Produkten in der jeweiligen Apotheke oder in ganz Deutschland betrachtet werden. Entsprechendes gilt für das Wachstum des Marktes. Auch die Abgrenzung der Märkte ist teilweise willkürlich. Pharmazeutische Großhändler, die Pharmaindustrie und Apothekenkooperationen nutzen teilweise unterschiedliche Datenquellen, bei denen die Produktgruppen unterschiedlich eingeteilt sein können.

Marktanteile und Marktwachstum für die interessierenden Produkte können zur besseren Veranschaulichung graphisch dargestellt werden. Dazu dient ein zweidimensionales Koordinatensystem, wie es in Abbildung 6.1 zu sehen ist. An der waagerechten Achse werden die Marktanteile abgetragen, an der senkrechten Achse das Marktwachstum. Jedes Produkt wird dann durch eine Markierung im Koordinatensystem dargestellt, deren Position sich aus dem Marktanteil und dem Marktwachstum für dieses Produkt beziehungsweise seine Produktgruppe ergibt. Produkte mit geringem Marktanteil stehen demnach links, mit hohem Marktanteil rechts. Produkte, deren Markt wächst, werden oben eingetragen. Wenn der Markt stagniert oder schrumpft, erfolgt die Eintragung weiter unten. So werden die unterschiedlichen Marktbedingungen der Produkte auf einen Blick erkennbar. Zweidimensionale Koordinatensysteme werden durch die beiden Achsen in vier Felder geteilt. Hier stehen diese vier Felder für unterschiedliche Marktbedingungen und Zukunftsaussichten der Produkte, dagegen bleiben ihre technischen oder pharmazeutischen Eigenschaften unbeachtet. Gerade aus dieser vereinfachten Darstellung lassen sich geeignete Strategien für die Vermarktung der Produkte ableiten.

Abb. 6.1: Nach ihrem Marktanteil und dem Wachstum des jeweiligen Marktes können Produkte in vier Gruppen eingeordnet werden.

Stars

Das beste Feld in dieser Vier-Felder-Matrix ist rechts oben zu finden. Die dort eingetragenen Produkte werden als „stars" bezeichnet. Sie sind in einem wachsenden Markt gut positioniert. Diese Produkte erfordern große Mühe für ihre

Vermarktung, denn wachsende Märkte sind umkämpft. Marktanteile können sich dort schnell ändern. Doch können solche Produkte zumeist hochpreisig angeboten werden. Damit sichern sie hohe Brutto-Nutzen-Ziffern und trotz des Aufwandes gute Gewinne. Allerdings sind solche „stars" leider eher selten.

Cash Cows

Im Laufe der Zeit wandern solche Produkte meist in das rechte untere Feld. Dies sind etablierte Produkte, deren Märkte nicht mehr wachsen. Dort sind die Marktanteile zwischen den Produkten im Wettbewerb schon lange verteilt und daher recht stabil. Wenn ein solches Produkt einen hohen Marktanteil hat, wird es als „cash cow" bezeichnet, weil es hohe Umsätze einbringt. Große Mühe für das Marketing ist hier nicht mehr nötig, weil die Produkte sich fast „von selbst" verkaufen. Meist sind solche Produkte bekannte Markenartikel, die unbedingt im Sortiment erwartet werden.

Dogs

Allerdings besteht langfristig die Gefahr, dass auch solche Produkte in das linke untere Feld wandern. Dort sind die „dogs", die „armen Hunde", zu finden. Dies sind Artikel mit geringem Marktanteil in nicht wachsenden Märkten. Die Umsätze sind gering, es lassen sich keine hohen Preise und nur geringe Brutto-Nutzen-Ziffern erzielen. Marketingbemühungen um solche Produkte sind meist vergeblich. In einem schrumpfenden Markt ist es wenig sinnvoll, mit großem Aufwand um Marktanteile zu kämpfen. Die Mühe wird sich anderswo mehr lohnen. In der Industrie wird angestrebt, solche Produkte möglichst nicht mehr herzustellen und durch andere Produkte zu ersetzen. Dies ist kaum auf Apotheken zu übertragen, denn auch seltene Arzneimittel haben ihre Bedeutung und werden mitunter dringend gebraucht. Doch auch Apotheken sollten solche Produkte nicht mit großem Aufwand herausstellen. Eine Schaufensterwerbung für ein Produkt, das kaum jemanden interessiert, ist eine überflüssige Mühe.

Questionmarks

Als letztes Feld bleibt das obere linke Feld zu erwähnen. Dort sind Produkte mit geringem Anteil an wachsenden Märkten zu finden. Ihre Umsätze sind niedrig, aber es lassen sich hohe Preise erzielen. Damit liegen die Brutto-Nutzen-Ziffern im mittleren Bereich. Es sind typischerweise sehr spezielle und wenig bekannte Produkte. Sie werden als „questionmarks“ oder „Fragezeichen“ bezeichnet, da ihre weitere Entwicklung unklar ist. Daher verdienen sie besondere Aufmerksamkeit, denn sie können zu „stars“ ausgebaut werden. Dazu müssen sie aktiv gepflegt, empfohlen und besonders herausgestellt werden. Das kann ihre Bekanntheit steigern, verspricht aber nur Erfolg, wenn der Gesamtmarkt für die Produktgruppe auch in Zukunft wachsen wird. Anderenfalls werden sie langfristig eher zu „dogs“. Auf jeden Fall sollten die „questionmarks“ sorgfältig beobachtet werden.

Tipp für die Praxis

Obwohl die Vier-Felder-Matrix mit „stars", „cows", „questionmarks" und „dogs" für die Industrie entwickelt wurde, ist sie auch für die Apotheke interessant, um bei der Wahl eines angemessenen Sortiments, der Platzierung in der Frei- und Sichtwahl oder der Schaufenstergestaltung zu helfen. Außerdem kann sie Anregungen für die Preisgestaltung geben, denn es wäre wirtschaftlich nicht sinnvoll, einen „star" zu Niedrigpreisen anzubieten. Dies könnte zum „Absturz" eines „stars" führen und eine aussichtsreiche Einnahmequelle für die Zukunft vernichten. Ob die dargestellten Maßnahmen zur richtigen Auswahl des Sortiments letztlich erfolgreich für die Apotheke sind, kann wiederum anhand von Kennzahlen ermittelt werden.

Das Wichtigste in Kürze

- Die wichtigste Aufgabe der Lagerwirtschaft bei regelmäßig nachgefragten Arzneimitteln ist, die Mindestlagermenge und Bestellmenge angemessen zu wählen. Dabei sind die Lagerkosten, der Bearbeitungsaufwand und die Lieferfähigkeit zu berücksichtigen.
- Bei der Gestaltung des Randsortiments ist vorrangig zu klären, welche Produkte in das Lager aufgenommen werden sollen. Diese Frage leitet zum Marketing über.
- Die Lagerumschlagsgeschwindigkeit ist eine zentrale Kennzahl der Lagerwirtschaft, die Orientierung bei vielen Fragestellungen bietet.
- Das Sortiments-Controlling ist eine differenzierte Betrachtung verschiedener Produkte und Produktgruppen und ihres Beitrags zum Erfolg der Apotheke. Dies kann zur Optimierung des Lagers genutzt werden.
- Marktanteil und Marktwachstum sind wichtige Kriterien, mit denen der Erfolg von Produkten vorhergesagt werden kann.

Beispielrechnungen zur Brutto-Nutzen-Ziffer

Beispiel 6.3
Ein Körperpflegemittel hat einen Einstandspreis von 10 € zuzüglich Mehrwertsteuer und wird mit einem Verkaufpreis von 16,66 € einschließlich 19% Mehrwertsteuer angeboten. Es erzielt im Jahresdurchschnitt eine Lagerumschlagsgeschwindigkeit von 8. Wie hoch ist die Brutto-Nutzen-Ziffer dieses Produktes in Prozent in dem betreffenden Jahr?

Beispiel 6.4
Ein nichtverschreibungspflichtiges Arzneimittel hat einen Einstandspreis von 20 € zuzüglich Mehrwertsteuer. Im Laufe eines Jahres werden 20 Packungen für je 29,75 € einschließlich 19% Mehrwertsteuer verkauft. Im Jahresdurchschnitt sind in der Apotheke 2 Packungen vorrätig. Wie hoch ist die Brutto-Nutzen-Ziffer dieses Arzneimittels in Prozent in dem betreffenden Jahr?

Lösungen siehe Anhang 1.

Übungen

Frage 6.1: Was ist der Bestellpunkt?
a) der Ort, an dem eine Warenbestellung ausgelöst wird
b) der Fälligkeitszeitpunkt der Rechnung
c) der Lagerbestand, bei dem eine Warenbestellung ausgelöst werden soll, ausgedrückt durch das Erreichen einer vorher festgelegten Mindestlagermenge.

Frage 6.2: Welches Argument spricht für eine Vergrößerung der Lagerbestände?
a) hohe Defektquote
b) Kürzung der Rabatte für große Lieferungen
c) Zinserhöhung der Bank für in Anspruch genommene Kredite.

Frage 6.3: Welches der folgenden Argumente spricht für die Erhöhung der Bestellmengen bei gängigen Produkten?
a) hohe Defektquote durch Nachfragen nach Produkten, die nicht zum Sortiment der Apotheke gehören
b) Personalengpass im Wareneingang
c) verringerte Einkaufsvergünstigungen des Großhandels.

Frage 6.4: Ein regelmäßig verkauftes, nichtverschreibungspflichtiges Arzneimittel, das vom Großhandel bezogen wird, konnte mehrfach bei Kundenwünschen nicht abgegeben werden, weil es ausverkauft und die Nachlieferung noch nicht eingetroffen war. Was ist zu tun, um dies künftig zu vermeiden?
a) Bestellmenge des betreffenden Arzneimittels erhöhen
b) Mindestlagermenge des betreffenden Arzneimittels erhöhen
c) Angebot an substituierbaren Konkurrenzprodukten anderer Hersteller erweitern.

Übungen (Fortsetzung)

Frage 6.5: Welche der folgenden Maßnahmen erhöht die Lagertiefe für Kosmetikprodukte?

a) Erhöhung der Mindestlagermenge für diese Produkte
b) Aufnahme von Kosmetikdepots mehrerer konkurrierender Anbieter in das Sortiment der Apotheke
c) Aufnahme von Zahnpflegemitteln und Sonnenschutzmitteln in das Sortiment der Apotheke.

Frage 6.6: Welche der folgenden Kennzahlen ist am ehesten geeignet, um den wirtschaftlichen Gesamterfolg einer Apotheke zu messen?

a) der Jahresumsatz der Apotheke
b) der Rohertrag der Apotheke innerhalb eines Jahres
c) die Zahl der Kunden innerhalb eines Jahres.

Frage 6.7: Welche Produkte werden als „cash cows" bezeichnet?

a) langweilige Produkte, die kaum verkauft werden und im Regal stehen bleiben wie Kühe auf der Weide (daher der Name)
b) besonders aussichtsreiche Produkte in neuen und daher stark wachsenden Märkten
c) erfolgreiche und gut eingeführte Produkte, die hohe Umsätze bringen, deren Märkte aber nicht oder nur noch wenig wachsen.

Lösungen siehe Anhang 2.

7 Marketing

Ein Unternehmen kann nur erfolgreich sein, wenn es seinen Kunden Nutzen bietet und die Kunden dies auch empfinden. Dies gilt auch für Apotheken. Das Marketing bietet vielfältige Instrumente, um den Kunden den Nutzen eines Produktes, einer Dienstleistung oder eines Unternehmens zu vermitteln. In diesem Kapitel wird erläutert, wie diese Methoden funktionieren und welche dieser Konzepte sich für Apotheken eignen.

7.1 Marketingbegriff

Marketing wird von betriebswirtschaftlichen Laien gerne mit „Werbung" gleichgesetzt. Das verengt den Begriff, doch sind die klassischen Instrumente der Werbung ein Teil des Marketings. Marketing ist aber mehr: Es umfasst die Gesamtheit aller Tätigkeiten in Unternehmen, die zu einer besseren Positionierung und damit zum Erfolg im Wettbewerb beitragen. Mit Wettbewerb ist hier der Leistungskampf verschiedener Anbieter auf einem Markt um die Gunst der Nachfrager gemeint. Letztlich zielt das Marketing auf den Verkauf der angebotenen Produkte zu gewinnbringenden Preisen. Dabei soll das Marketing den wahrgenommenen Nutzen aus dem Blickwinkel der Kunden vergrößern. Die typischen Instrumente des Marketings sind nach außen, also auf die Kunden, gerichtet. Damit stehen die Kunden und Patienten der Apotheken im Mittelpunkt des Apothekenmarketings.

Patient oder Kunde?

» In Apothekenkreisen wird oft gestritten, ob in der Apotheke von Kunden oder Patienten zu sprechen ist: Befürworter des Begriffes Patient argumentieren meist, dass der Begriff Kunde nur auf wirtschaftliche Aspekte abzielen und die besonderen Bedürfnisse von Kranken missachten würde. Diese Sichtweise verkennt jedoch, dass der Begriff Kunde in verschiedener Hinsicht umfassender ist. Nicht alle Kunden in Apotheken sind krank, denn die Apotheken sollten auch Gesunde ansprechen und Produkte zur Vorbeugung anbieten. Doch auch Patienten sind Kunden, weil sie Waren oder Dienstleistungen nachfragen. Eine Besonderheit im wirtschaftlichen Sinne bilden Versicherte der GKV, weil sie Arzneimittel erhalten, die nicht von ihnen selbst, sondern von der Versicherung bezahlt werden. Damit sind sie in einem streng kaufmännischen Sinne keine Kunden. Dennoch sollten alle Nachfrager in Apotheken im Sinne des Marketings als Kunden betrachtet werden. Denn die Kunden sind im allgemeinen wirtschaftlichen Verständnis die wesentlichen Marktpartner jedes Unternehmens, die mit ihren Entscheidungen für ein bestimmtes Unternehmen dessen wirtschaftlichen Erfolg bestimmen. Dementsprechend verdienen Kunden Aufmerksamkeit und Respekt, was vollständig im Einklang mit den speziellen Bedürfnissen von Patienten – also kranken Kunden – steht. Gerade diese Aufmerksamkeit für die Kunden ist ein zentrales Thema des Marketings.

Marketing für Produkte und für die Apotheke

Marketing in der Apotheke hat viele Facetten. Auch der Begriff der Positionierung im Wettbewerb als Ziel des Marketings umfasst mehrere Aspekte. Einerseits geht es um den Wettbewerb der Apotheken untereinander und mit anderen Anbietern, andererseits geht es um den Wettbewerb zwischen konkurrierenden Produkten. Einige Maßnahmen für den Wettbewerb der Apotheke insgesamt zielen eher auf langfristige Kundenbindungen, andere wirken eher kurzfristig und sollen in der jeweiligen Verkaufssituation helfen. Eine klare Grenze lässt sich dazwischen nicht immer ziehen. Die eher kurzfristig wirksamen Instrumente des Marketings hängen oft mit dem Marketing für Produkte zusammen. Im Kapitel 7.3 geht es mit der Produktpräsentation und dem Category Management um hauptsächlich produktbezogene Instrumente. Bei den übrigen Methoden steht oft mehr die ganze Apotheke als ein bestimmtes Produkt im Vordergrund. Auch zwischen dem Marketing für die Apotheke und für bestimmte Produkte gibt es keine klare Grenze, weil gute Umsätze bei Produkten auch für die Apotheke gut sind, sofern diese Produkte bei der Preisbildung gute Aufschläge ermöglichen.

7.2 Werbemedien für Apotheken

Bevor in den nächsten Kapiteln verschiedene Marketingmethoden für Apotheken vorgestellt werden, ist zu klären, mit welchen Medien die Apotheken überhaupt auf sich und die von ihnen angebotenen Produkte aufmerksam machen können. Innerhalb der Apotheke ist die **Präsentation** der Waren selbst das wichtigste Instrument der **Produktwerbung**. Dazu kommen die Schaufensterwerbung, Kundenzeitschriften, Ratgeber und Broschüren. Andere wichtige apothekenübliche Marketinginstrumente gehen weit über die Produktwerbung hinaus. Dies gilt beispielsweise für die Kundenkarte, bei der Aspekte der Arzneimittelsicherheit und des Marketings zusammentreffen. Alle Maßnahmen innerhalb der Apotheke sollten zur **Corporate Identity** der Apotheke passen (siehe Kap. 7.4). Das bedeutet, dass sie eine gemeinsame Aussage unterstützen sollten und sich in ein einheitliches Erscheinungsbild einfügen sollten.

Außerhalb der Apotheke sind der Internetauftritt, Zeitungsanzeigen und Postwurfsendungen typische Instrumente der Produktwerbung. Mit Wurfsendungen in Briefkästen können gezielt die Bewohner der Umgebung der jeweiligen Apotheke angesprochen werden, während die Internetseite erst einmal vom Kunden angewählt werden muss und Zeitungen ein größeres Einzugsgebiet haben. Sie erreichen damit auch viele Leser, die nicht im Einzugsgebiet der Apotheke wohnen und kaum als Kunden in Betracht kommen. Dieser prinzipiell unerwünschte Teil von Werbemaßnahmen wird allgemein als **Streuverlust** bezeichnet. Je gezielter die Werbung auf die potenziellen Kunden ausgerichtet ist, umso geringer ist der Streuverlust und umso mehr Erfolg kann mit begrenztem Aufwand erreicht werden. Auf breit gestreute Werbung im Rahmen des sogenannten Massenmarketings wird auch im Kapitel 7.8 eingegangen.

Ein weiteres externes Werbemittel kann die Präsentation der Apotheke bei lokalen Veranstaltungen sein. Dies ist aber weit mehr als nur Produktwerbung, sondern soll auf die Apotheken insgesamt oder auf eine einzelne Apotheke aufmerksam machen. Entsprechendes gilt für die finanzielle Unterstützung von lokalen Veranstaltungen, beispielsweise für Sportvereine. Dies wird als Sponsoring bezeichnet, die Apotheke ist dann der Sponsor. Aufgrund der Vorschriften der Berufsordnungen der Apothekerkammern darf Werbung von Apotheken nicht marktschreierisch oder übertrieben sein. Sie muss auch mit der besonderen Funktion der Apotheken vereinbar sein, die den gesetzlichen Auftrag zur Sicherstellung der Arzneimittelversorgung wahrnehmen. Was diese Werbebeschränkung für die Praxis bedeutet, ist allerdings umstritten. Soweit nicht allgemein für die Apotheke, sondern für bestimmte Arzneimittel geworben wird, muss außerdem das Heilmittelwerbegesetz beachtet werden.

Multimediale Werbung

Typisch für moderne Werbung ist die Kombination mehrerer Maßnahmen, also ähnlich gestaltete und wiedererkennbare Werbung in verschiedenen Medien. Wenn mehrere Werbemedien geschickt kombiniert werden, ist die Wirkung viel größer als bei einmaliger Werbung (siehe Abb. 7.1). Angesichts der Flut von Werbebotschaften, die jeden Verbraucher täglich erreichen, hat fast nur wiederholte Werbung eine Chance zu wirken. So erkennen die Adressaten der Werbung ein Produkt besonders gut wieder, wenn sie es beispielsweise zunächst in einer Anzeige in einer Zeitschrift, dann in der Fernsehwerbung und am nächsten Tag nochmals auf einer Plakatwand sehen oder umgekehrt. Erst die Wiederholung macht das Produkt bekannt und führt zum Erfolg.

Abb. 7.1: Wenn die gleiche Werbebotschaft mehrfach über verschiedene Medien vermittelt wird, kann dies die Wirkung deutlich steigern. So bleibt die Erinnerung haften und wird zur richtigen Zeit abgerufen.

Sehen diese Werbeadressaten das Produkt am übernächsten Tag im Schaufenster einer Apotheke, wird es ihnen wahrscheinlich auffallen oder sogar bekannt vorkommen. Ohne die vorherigen Werbekontakte in der Zeitschrift, im Fernsehen und am Plakat hätten dieselben Personen das Produkt im Schaufenster vielleicht übersehen, obwohl es für sie interessant sein könnte. Wesentlich für den nötigen Wiedererkennungseffekt ist ein wiederkehrender, meist optischer Reiz. Allein die Werbung für dasselbe Produkt reicht noch nicht aus, es muss auch immer wieder das gleiche Motiv verwendet werden. Nur dann tritt der

Wiederholungseffekt ein, und das Motiv wird aus einer Vielzahl anderer Werbebotschaften unbewusst herausgefiltert. Dies ist auch ein Grund, weshalb die Werbung für Produkte recht häufig von prominenten Personen präsentiert wird. Da die meisten Betrachter die Prominenten wiedererkennen, fällt die Verknüpfung mit dem Produkt leichter.

Apotheken können eine so aufwändige Werbung nicht finanzieren, aber sie können von der umfangreichen Produktwerbung der Hersteller profitieren, indem sie die Waren herausstellen, die von der Industrie gerade beworben werden. In der Sprache des Marketings heißt es, die so beworbenen Marken seien bereits **„vorverkauft"**. Die Apotheke brauche nur noch gezielte Signale zu setzen, um von den vorangegangenen Werbemaßnahmen der Hersteller zu profitieren. Daher sollten die von der Industrie benutzten **Werbemotive** auch in der Apotheke wiederzufinden sein, wenn die Kunden das Produkt erkennen sollen. Der wichtigste Werbeträger ist dabei die Packung selbst, die auch in der Werbung der Industrie herausgestellt werden sollte. Damit werden Frei- und Sichtwahl der Apotheke zu zentralen Orten für die Werbung. Dort können die Patienten die bekannten Produkte wiederfinden. Daher sollten dort auch die gerade beworbenen Produkte platziert werden. Wegen dieser Bedeutung der Packungen für die Werbung verdient die Produktpräsentation in der Apotheke besondere Beachtung.

7.3 Produktpräsentation und Category Management

Aus rechtlicher Sicht sind in der Apotheke **Frei- und Sichtwahl** zu unterscheiden (siehe Kap. 3.2). Die Produkte in der Freiwahl sind für die Kunden frei zugänglich, wie der Name sagt. Hierzu zählen neben den Freiwahlregalen auch alle Aufsteller auf dem Boden oder auf dem Handverkaufstisch. Alle diese Angebote gelten als Selbstbedienung. Hier dürfen keine apothekenpflichtigen oder verschreibungspflichtigen Arzneimittel angeboten werden. Demgegenüber ist die Sichtwahl von den Kunden nur einzusehen, was aber ebenso werbewirksam wie die Freiwahl sein kann. Die Sichtwahl liegt hinter den Handverkaufstischen und damit nicht im Griffbereich der Kunden. Hier können auch apothekenpflichtige Produkte gezeigt werden.

Gute und schlechte Plätze

Die besten Plätze der Freiwahl sind **Aufsteller** auf dem Handverkaufstisch und Bodenaufsteller an besonders frequentierten Stellen, wie z. B. an der Kasse. Sie können aber nur wirken, wenn dort nicht zu viele verschiedene Produkte präsentiert werden. Gerade an diesen Stellen ist die Reizüberflutung besonders groß, weil dort das Kundengespräch stattfindet. Daher wird in manchen Apotheken bewusst auf solche Aufsteller verzichtet. So sollen die Kunden sich am Handverkaufstisch auf das Gespräch und die abgegebenen Arzneimittel konzentrieren können und nicht durch andere Reize abgelenkt werden. Möglicherweise kann dies dazu beitragen, dass die Kunden sich besser an wichtige Abgabehinweise erinnern, und damit die Arzneimittelsicherheit verbessert wird.

Damit bleiben die Regale als wichtige Präsentationsorte. Innerhalb der Regale der Sichtwahl und ganz besonders in der Freiwahl entscheidet in erster Linie die Höhe über die Wirksamkeit der Präsentation. Von oben nach unten werden die Streckzone, die Sichtzone, die Griffzone, die Hüftzone und die Bückzone unterschieden (siehe Abb. 7.2). Insbesondere in der Freiwahl sind die besten Plätze in der **Griffzone**, denn der Kunde soll das Produkt in die Hand nehmen und dann kaufen. Als zweitbeste Platzierung gilt die darüberliegende **Sichtzone**. In der Sichtwahl, wo das Argument des Greifens entfällt, kann dies sogar der beste Ort sein. Es folgt die ganz oben gelegene Zone, die **Streckzone**. Dort lassen sich die Produkte nicht so gut greifen, aber immerhin gut ansehen – auch aus größerer Entfernung. Weniger gute Platzierungen sind die unterhalb der Griffzone liegenden Bereiche, weil sich die Kunden bücken müssen, um die dort liegenden Waren näher anzusehen oder aus dem Regal zu nehmen.

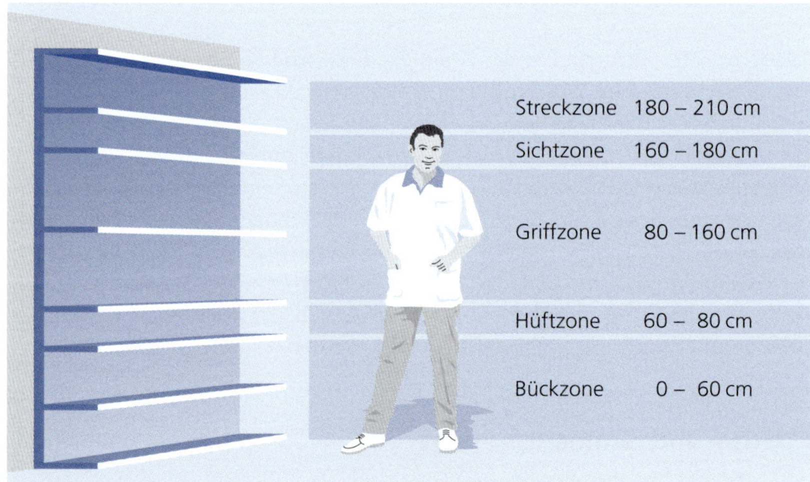

Abb. 7.2: Regale in der Freiwahl werden nach ihrer Erreichbarkeit in fünf Zonen eingeteilt. Für die Sichtwahl können ähnliche Überlegungen angestellt werden.

Auch auf den einzelnen Regalböden gibt es gute und weniger gute Platzierungen (siehe Abb. 7.3). In unserem Kulturkreis wird von links nach rechts gelesen. Daher „lesen" die meisten Kunden auch Regale in dieser Richtung. Die vom Kunden aus gesehen weiter links liegenden Regalbereiche sind darum bevorzugt. Daher wird oft empfohlen, ganz links auf einem Regalboden diejenigen Produkte unterzubringen, die bevorzugt verkauft werden sollen. Dies können beispielsweise Produkte mit einem besonders guten Deckungsbeitrag für die Apotheke sein. Rechts daneben oder in der Mitte des Regalbodens sollte der Marktführer oder ein besonders intensiv beworbenes Produkt stehen. Wenn dort ein Produkt aus der Fernseh-, Zeitungs- oder Schaufensterwerbung platziert ist, lenkt es die Aufmerksamkeit der Kunden auf das ganze Regal. Insbesondere die Produkte unmittelbar neben einem solchen Artikel können von der Signalwirkung profitieren. Es bietet sich an, dort aufstrebende Neueinführungen unterzubringen, die noch nicht so bekannt sind, aber eine gute Entwicklung versprechen, wie die „questionmarks" in der Marktanteils-Marktwachstums-Matrix (siehe Kap. 6.5).

Abb. 7.3: Beispiel für die Platzierung von Waren innerhalb eines Regals

Weniger ist mehr

Die gewünschten Wirkungen können aber nur eintreten, wenn die Effekte nicht durch **Reizüberflutung** zunichte gemacht werden. Die Signale, die von den Packungen ausgehen, dürfen nicht in einer unübersehbaren Vielfalt untergehen. Darum dürfen nicht zu viele verschiedene Produkte auf einem Regalboden stehen. Mehr als fünf verschiedene Produkte auf einem Regalboden sind bereits sehr viel. Denn sie lassen sich nicht an einer Hand abzählen, was psychologisch als bedeutsam gilt.

Tipp für die Praxis

Eine allgemeingültige Regel über die Zahl der Produkte pro Regalmeter gibt es nicht. In der Sichtwahl, die die Kunden nur aus der Entfernung betrachten können, sollten nur sehr wenige verschiedene Produkte stehen. In der Freiwahl können es mehr sein, weil die Kunden diese aus der Nähe betrachten können. Verschiedene Packungsgrößen und Darreichungsformen eines Produktes werden in der Sichtwahl aus größerer Entfernung als eine Einheit wahrgenommen, wenn das Packungsdesign übereinstimmt. Dann kann eine Marke einen Regalboden alleine füllen. In der Freiwahl ergibt sich ein ähnlicher Effekt mit den vielfältigen Produkten einer Kosmetiklinie. Aus größerer Entfernung ist nur die Marke wahrnehmbar, die ein einheitliches Gesamtbild vermittelt.

Category Management

Mindestens genauso wichtig wie diese Überlegungen zur Anzahl der präsentierten Produkte ist der inhaltliche Aufbau der Frei- und Sichtwahl. Sofern es die gemeinsame Darstellung einzelner Marken nicht unterbricht, sollten konkurrierende Produkte nahe beieinander platziert werden. So erhalten die Kunden schnell eine Übersicht über das Angebot. Auf die anderen Böden des gleichen Regals gehören dann Produkte für ähnliche Zielgruppen. So sollten beispielsweise die verschiedenen Indikationen im Bereich Erkältung in der Sichtwahl möglichst nahe beieinander untergebracht werden, da bei einer Erkältung zumeist mehrere Symptome gleichzeitig bekämpft werden sollen. Das ist nicht nur im Sinne des Marketings sinnvoll und verkaufsfördernd, sondern erleichtert dem Apothekenteam auch die Arbeit, weil es die Laufwege verkürzt.

Eine solche Strategie der **indikations- oder zielgruppenorientierten Produktplatzierung** ist der erste und entscheidende Schritt zum Category Management. Damit ist die Einteilung des Sortiments in Gruppen gemeint, die sich nicht an den sachlichen Eigenschaften der Produkte, sondern an den Bedürfnissen der Kunden orientieren. Dies entspricht der Grundidee des Marketings, aus der Perspektive des Kunden zu denken. Daher soll auch die Präsentation der Produkte den Bedürfnissen der Kunden möglichst gut entgegenkommen.

Es sollten solche Produkte gemeinsam präsentiert werden, die jeweils eine bestimmte Kundengruppe besonders gut ansprechen.

Letztlich sollen die Produkte nicht nur präsentiert, sondern „inszeniert" werden. Sie sollen also nicht nur in irgendwelche Regale gestellt werden, sondern das ganze Umfeld der Darstellung soll zu den Produkten passen. In anderen Wirtschaftsbereichen umfasst dies oft auch die Gestaltung des Raumes und der Möbel. Über die Präsentation hinaus sind **Aktionen** möglich, bei denen die Kunden nicht nur Betrachter bleiben, sondern selbst etwas tun. Dies beginnt bei Warenproben oder Preisausschreiben und geht bis hin zu einer Idee, die sich in großen Buchhandlungen gut eingeführt hat: Dort ist mitunter ein Café in die Buchhandlung integriert. Bei einer gemütlich getrunkenen Tasse Kaffee soll die Lust auf das Lesen angeregt werden. Die jeweilige Kundengruppe soll mit möglichst vielen Sinnen und möglichst gezielt angesprochen werden. Zusätzlich zu den Produkten wird als **Mehrwert** ein Erlebnis oder eine Idee für den Umgang mit den Produkten geboten. Es werden nicht einfach nur Waren verkauft, sondern Problemlösungen. Dies können mehrere zusammenhängende Produkte oder Hilfestellungen für die Anwendung sein. Das Produkt wird also nicht mehr nur präsentiert, sondern – wie ein Film – inszeniert. Die Zielgruppe fühlt sich so eher angesprochen, und die Umsätze steigen.

Kundenorientierte Produktgruppen bilden

Doch wie lassen sich diese Gedanken auf Apotheken übertragen? – Der erste Schritt zum Category Management ist die kundenorientierte Zusammenstellung der Produkte wie bei dem bereits erwähnten Beispiel eines Sichtwahlregals mit Arzneimitteln gegen Erkältungskrankheiten. Denn wer Halsschmerzen hat, benötigt vielleicht auch Arzneimittel gegen Husten oder Schnupfen. Dabei geht es nicht darum, den Erkältungspatienten zusätzliche Produkte aufzudrängen. Vielleicht denken sie in ihrem angeschlagenen Zustand gar nicht daran, nach Arzneimitteln gegen alle ihre Symptome zu fragen. Dann kann die Präsentation bekannter Marken an der richtigen Stelle der Anknüpfungspunkt für ein weiteres Beratungsgespräch und für einen Zusatzverkauf werden. Dies gilt natürlich nicht nur für Arzneimittel gegen Erkältungskrankheiten, sondern auch für Vitaminpräparate, die Reiseapotheke, Artikel für Säuglinge oder Kleinkinder, die Diabetikerversorgung und viele andere Themen.

Tipp für die Praxis

Nach den Regeln des Category Managements ist das maßgebliche Kriterium für die Zusammenstellung eines Regals, einer kleinen Ecke oder vielleicht sogar einer ganzen Fachabteilung nicht die pharmazeutische Gemeinsamkeit der Produkte, sondern ihr Zusammenhang aus der Sicht der Kunden. Das Beispiel der Reiseapotheke mag dies besonders gut veranschaulichen. Hierhin gehören Arzneimittel der verschiedensten Indikationsgebiete ebenso wie Verbandsmaterialien. Was pharmazeutisch als wildes Sammelsurium erscheinen mag, erfüllt doch aus Kundensicht einen gemeinsamen Zweck. Ein anderes Beispiel kann eine Diabetikerabteilung mit Blutzuckermessgeräten, Zubehör, Traubenzucker und Diabetikernahrung sein.

Apotheke und Kunden profitieren in doppelter Weise von der Produktpräsentation nach den Regeln des Category Managements: Einerseits finden „schnelle" Kunden, die gezielt ein bestimmtes Produkt suchen, dieses bei einer themenorientierten Präsentation schnell und sind dementsprechend zufrieden – zumindest in der Freiwahl ist dies ein wichtiger Aspekt. Andererseits werden Kunden, die mehr Zeit für ihre Einkäufe aufwenden und weniger gezielt ein bestimmtes Produkt suchen, eher zu Spontankäufen animiert. Ob nun Reisende oder Diabetiker, immer gibt es eine verbindende Gemeinsamkeit für die angesprochene Zielgruppe. Damit lässt sich auch auf gesellschaftliche Trends wie Wellness oder Naturkosmetik eingehen.

Auch das Konzept der **Aktionen** lässt sich auf Apotheken übertragen: So sollte das Regal mit den vielfältigen Produkten für die Reiseapotheke möglichst in der Nähe des Computerarbeitsplatzes stehen, an dem die Reiseimpfberatung durchgeführt wird, und in die Diabetikerecke gehört das Blutzuckermessgerät. Außerdem sollten jeweils die passenden Patientenratgeber und **Kundenbroschüren** in der Nähe der Produkte präsentiert werden.

Pharmazeutische Dienstleistungen und Marketing

Die Beispiele zeigen, dass die heilberuflichen Aufgaben der Apotheke sich mit den Konzepten des Marketings, hier des Category Managements, vermischen. Die Beratungsangebote und sogar die **Pharmazeutische Betreuung** sind kein Gegenpol oder gar Widerspruch zu den ökonomisch motivierten Ideen des Marketings. So führen die Kundenorientierung des Marketings und die Patientenorientierung der Pharmazeutischen Betreuung von unterschiedlichen Ausgangspunkten zum gleichen Ergebnis. Die aus pharmazeutischer Sicht sinnvollen Beratungs- und Betreuungsangebote sprechen bestimmte Zielgruppen in idealer Weise an und vermitteln ihnen einen Mehrwert über die Arzneimittel und anderen Produkte hinaus. Auch Zusatzverkäufe sollen letztlich den Nutzen der Verbraucher mehren. Das Konzept des Category Managements und andere Marketingideen helfen dabei, das pharmazeutische Angebot publikumswirksam darzustellen und so den Erfolg der Maßnahmen zu vergrößern.

7.4 Corporate Identity und Alleinstellungsmerkmale

Die typischen Instrumente des Marketings sind nach außen gerichtet. Das erste Ziel ist, die Kunden dazu zu bewegen, in diese und nicht in eine andere Apotheke zu gehen. Beim Verkauf nichtapothekenpflichtiger Waren stehen die Apotheken darüber hinaus im Wettbewerb mit vielen anderen Anbietern. Um einen Kunden für eine bestimmte Apotheke zu gewinnen, muss diese sich – zumindest in der Wahrnehmung des Kunden – durch irgendwelche Merkmale von anderen Apotheken unterscheiden. Solche Merkmale, die die Besonderheit eines bestimmten Unternehmens ausmachen, werden Alleinstellungsmerkmale genannt. Die Gesamtheit dieser Merkmale heißt in der Marketingfachsprache **Unique Selling Proposition** (engl., wörtlich übersetzt = einzigartige Verkaufsbehauptung), abgekürzt **USP**. Im pharmazeutischen Sprachgebrauch steht die Abkürzung USP auch für die United States Pharmacopoeia, das US-amerikanische Arzneibuch, was aber die meisten Marketingexperten wohl nicht wissen und was hier natürlich auch nicht gemeint ist.

Die meisten Unternehmen gewinnen ihre Alleinstellungsmerkmale aus den angebotenen Produkten, für Apotheken ist dies aber nahezu unmöglich, weil alle Apotheken alle Arzneimittel anbieten und dazu sogar gesetzlich verpflichtet sind. Nur im Randsortiment und bei den Dienstleistungen kann es außergewöhnliche Angebote geben, die sich zwischen den Apotheken unterscheiden. Umso bedeutender sind daher die Nebenleistungen und andere Besonderheiten der Apotheken. Sehr wichtig ist der Standort, beispielsweise in der Nähe von Ärzten oder an stark frequentierten Straßen, in Bahnhöfen oder Einkaufszentren oder mit guten Parkmöglichkeiten. Weitere wichtige Merkmale können Öffnungszeiten, besonders gute Beratung, die Freundlichkeit des Teams, die Erfassung von Medikationsdaten auf Kundenkarten und eine ansprechende Gestaltung der Offizin, besonders der Frei- und Sichtwahl, sein.

Andere Merkmale zielen auf wirtschaftliche Vorteile für die Kunden wie Rabatte und Sonderangebote. Doch die alleinige Ausrichtung auf billige Preise verspricht in den allermeisten Fällen keinen Erfolg, weil die Roherträge dann nicht die Kosten decken und kein hinreichend großer Mehrumsatz zu erwarten ist. Anstelle des Merkmals „billig“ bietet sich eher „mit fairen Preisen“ an, wenn es denn überhaupt um den Preis gehen soll.

So können sich Apotheken anhand zahlreicher Merkmale unterscheiden. Diese müssen aber auch kommuniziert, also den bisherigen und potenziellen neuen Kunden vermittelt werden. Dafür reicht es nicht aus, die Angebote auf einem Schild im Apothekenschaufenster aufzulisten. Vielmehr muss die Apotheke in ihrem gesamten Erscheinungsbild diese Eigenschaften verkörpern, damit die Kunden erleben können, was diese Apotheke ausmacht und von anderen Apotheken unterscheidet.

Die strategische Entscheidung, einem Unternehmen bestimmte Eigenschaften zu geben, wird als **Positionierung** bezeichnet. Die Gesamtheit der Eigenschaften eines Unternehmens heißt in der Marketingfachsprache **Corporate Identity** (engl. = Unternehmensidentität). So soll eine Art **„Unternehmenspersönlichkeit“** entstehen, die durchaus mit der Identität von Personen zu vergleichen ist und mit ähnlichen Attributen wie zuverlässig, solide, fortschrittlich oder innovativ beschrieben werden kann. Ähnlich wie ein Markenartikel (siehe Kap. 5.5) soll auch eine Apotheke mit bestimmten Eigenschaften verknüpft und so unverwechselbar werden. Auf welchen verschiedenen Wettbewerbsebenen sich dies in Apotheken umsetzen lässt, wird in der Tabelle 7.1 dargestellt.

Auf der Wettbewerbsebene der Apotheken sollen die Kunden die Apotheke unter anderen Apotheken wiedererkennen, positive Aussagen damit verknüpfen und von der Leistungsfähigkeit überzeugt werden. Kunden, die von der Qualität eines bekannten Markenartikels überzeugt sind, zahlen dafür gerne einen höheren Preis als für ein unbekanntes Produkt. Denn die Marke vermittelt Vertrauen und Sicherheit. In entsprechender Weise soll auch die vertraute Apotheke eine Marke werden. Dafür nehmen die überzeugten Kunden auch einen Umweg oder einen höheren Preis mancher Produkte in Kauf.

Tabelle 7.1: Marken in Apotheken

Wettbewerbsebene	Marke in der Apotheke
Apotheken im Wettbewerb zu anderen Anbietern	Rotes Apotheken-„A"
Apothekenkooperationen im Wettbewerb zu anderen Apotheken und sonstigen Anbietern	Apothekenkooperation mit einheitlicher Dachmarke und Logo
Einzelne Apotheken im Wettbewerb zu anderen Apotheken	Apotheke mit Name, erkennbarer Unternehmensidentität (Corporate Identity) und Logo
Einzelne Arzneimittelhersteller im Wettbewerb zu anderen Arzneimittelherstellern	Arzneimittel mit deutlich herausgestelltem Herstellernamen (insbesondere bei Generika)
Einzelne Produkte oder Produktlinien mit gemeinsamem Markenauftritt im Wettbewerb zu anderen Produkten oder Produktlinien	Arzneimittel oder andere Produkte mit Markenidentität (einzelnes Produkt oder mehrere Produkte mit gleichem Wirkstoff oder Anwendungsgebiet)

Umsetzung mit Corporate Design

Eine Corporate Identity kann nur glaubwürdig vermittelt werden, wenn sie zu den Wertvorstellungen und Zielen passt, die im Unternehmen angewendet werden. Alles zusammen sollte eine in sich schlüssige **Unternehmenskultur** ergeben, die auch als Corporate Culture bezeichnet wird. Jede Art der Kommunikation des Unternehmens sollte von der Corporate Identity geprägt sein. Ein solcher in sich schlüssiger Außenauftritt wird auch als Corporate Communication bezeichnet. Im Marketing werden Strategien entwickelt, um Unternehmensidentitäten besonders wirksam zu vermitteln. Hierzu dient ganz besonders das Corporate Design. Damit ist eine wiedererkennbare Gestaltung für die gesamte Darstellung des Unternehmens gemeint. „Wiedererkennbar" oder „identifizierbar" bedeutet aber nicht „genau gleich". Die „Kunst" des Corporate Designs liegt darin, abwechslungsreiche und vielfältige Kommunikationsmittel einzusetzen, die dennoch eine entscheidende Gemeinsamkeit und damit einen großen Wiedererkennungswert haben.

Typische Elemente des Corporate Designs sind **Logos** oder **Schriftzüge**, die sich auf allen Werbeträgern, in Katalogen, Zeitungsanzeigen, im Internetauftritt und auf dem Briefpapier wiederfinden lassen. Oft wird der Wiedererkennungseffekt über eine bestimmte Farbe vermittelt, die als verbindendes Element wirkt. Auch die **Apothekeneinrichtung** und die **Kleidung des Apothekenteams** soll in das Corporate Design einbezogen werden und zur Corporate Identity passen. Alle Maßnahmen sollen ein harmonisches Gesamtbild ergeben. Wer das Design mit dieser Apotheke in Verbindung gebracht hat, erkennt die Werberträger aus dieser Apotheke wieder. Darüber hinaus sollen die Kunden das Corporate Design mit der Corporate Identity und den dazugehörigen Eigenschaften verknüpfen. Nach der Theorie des Marketings soll das äußere Erscheinungsbild so die Erinnerung an die kompetente Beratung oder andere Leistungen, die der Kunde bei einem früheren Besuch der Apotheke erlebt hatte, wachhalten. Durch positive Erfahrungen soll die Marke der Apotheke positiv „aufgeladen" werden, wie es in der Marketingsprache heißt, um diese positive Einstellung des Kunden später beispielsweise durch Werbemittel mit dem bekannten Corporate Design abrufen zu können.

Dachmarken

Typische Beispiele für das Corporate Design im Apothekenbereich bieten die Dachmarken von Apothekenkooperationen. Damit stellen sich alle Apotheken, die Mitglied einer bestimmten Kooperation sind, in einem gemeinsamen Außenauftritt dar. Mit dem Begriff „Dachmarke" ist gemeint, dass jede einzelne Apotheke ihren eigenen Markenauftritt unter ihrem vertrauten Namen behält und zugleich unter dem „Dach" einer meist überregionalen größeren Marke erscheint. Damit soll die Apotheke vom gemeinsamen Marketingauftritt und vom positiven Image der Kooperation profitieren.

Kritiker halten dem entgegen, dass die Verbindung der eigenen Marke der Apotheke mit der Dachmarke die Kunden verwirrt und die Aussagekraft der eigenen Marke verwässert. Außerdem kann eine Dachmarke die in sie gesetzten Erwartungen nur erfüllen, wenn sie in der Öffentlichkeit bekannt ist und viele Menschen damit eine positive Aussage verbinden. Dazu muss die Dachmarke regelmäßig in den Publikumsmedien präsentiert werden, was wiederum sehr teuer ist. Eine erfolgreiche Apotheke ist in ihrem jeweiligen Einzugsgebiet mitunter bekannter als eine solche Dachmarke, sodass die Dachmarke eher vom guten Namen der einzelnen Apotheke profitieren würde als umgekehrt. Befürworter der Dachmarken argumentieren dagegen, dass die Kunden aus anderen Bereichen des Einzelhandels solche Dachmarken gewöhnt sind und diese sich auch bei Apotheken durchsetzen würden. Zudem werden Dachmarken für den Fall, dass durch Neuregelungen des Apothekenrechts Apothekenketten zugelassen würden, als mögliche Strategie gegen den Marktauftritt solcher Ketten gesehen. Mit Dachmarken hätten die unabhängigen Apotheken ein Instrument, um im Marketing auch gegen bekannte Marken großer Konzerne zu bestehen, meinen die Befürworter dieser Strategie.

In diesem Zusammenhang ist zu berücksichtigen, dass die Mitgliedschaft in einer Apothekenkooperation (siehe Kap. 2.4) nicht zwangsläufig mit der Beteiligung an einer Dachmarke verbunden sein muss. Apothekenkooperationen bieten darüber hinaus gerade im Marketing viele Vorteile, weil viele Marketingmaßnahmen für eine Gruppe von Apotheken einfacher zu organisieren sind als für einzelne Apotheken und weil durch Skaleneffekte Kosten gespart werden können (siehe Kap. 5.4). Daher haben viele Apothekenkooperationen ihre Arbeit ohne Dachmarken begonnen. Nachdem einzelne Apothekenkooperationen mit Dachmarken in der Öffentlichkeit aufgetreten sind, haben immer mehr Apothekenkooperationen diese Strategie umgesetzt. So stellt sich nun für die zahlreichen Kooperationen die Aufgabe, ihrer Dachmarke in der Öffentlichkeit eine wahrnehmbare Identität zu verschaffen, die sich von anderen Apotheken-Dachmarken unterscheidet. Dies ist – auch vollkommen unabhängig von der Thematik der Dachmarken – das zentrale Problem bei der Gestaltung einer Corporate Identity.

Eigene Identität finden

So stellt sich bei der Suche nach einer passenden Corporate Identity die Frage, welche Eigenschaften den größten Erfolg für die jeweilige Apotheke versprechen. Die Entscheidung für bestimmte Eigenschaften setzt voraus, die vorrangigen Zielgruppen der Apotheke auszuwählen. Das bedeutet zwangsläufig, auf bestimmte Kunden stärker einzugehen als auf andere. Beispiele für solche Positionierungen sind die „Umwelt-Apotheke" mit Umweltanalytik und einem umfangreichen Angebot an naturheilkundlichen Arzneimitteln für ökologisch orientierte Kunden, die „Reise-Apotheke" am Flughafen oder im Hauptbahnhof einer Großstadt, die „High-Tech-Apotheke" mit Zytostatikaherstellung und Angeboten für Schwerstkranke und ihre Angehörigen, die „Präventions-Apotheke" mit Angeboten für Gesunde, die „Diabetes-Apotheke", die „junge Apotheke" für Familien mit kleinen Kindern oder die „Senioren-Apotheke". Sicher zählen wohl alle Apotheken sowohl junge Eltern als auch Senioren zu ihren Kunden. In gewissen Grenzen ist es möglich, solche Ansprüche zu vereinbaren und ein breites Randsortiment für Eltern kleiner Kinder und gleichzeitig für Senioren anzubieten. Wenn der Raum dies erlaubt, kann es eine Kinderspielecke und einen Beratungsraum mit Inkontinenzprodukten und Krankenpflegeartikeln geben. Doch gibt es Grenzen für solche Verknüpfungen, die sich nicht nur aus dem verfügbaren Raum ergeben. Denn auch das Auftreten der Mitarbeiter und die eingesetzten Werbemittel müssen zu den angesprochenen Kundengruppen passen. Außerdem können die wenigsten Apothekenmitarbeiter in allen Beratungsgebieten gleichermaßen „fit" sein.

Solche Zielkonflikte werden in Apotheken oft als Problem betrachtet, sind aber eine logische Folge der Zielgruppenorientierung. Wenn eine Apotheke ein außergewöhnliches Erscheinungsbild abgibt, das sie von der Mehrzahl der Apotheken unterscheidet, wird dies niemals ungeteilte Zustimmung finden. Es ist unmöglich, es allen Menschen gleichermaßen recht zu machen. Diese Lebensweisheit gilt auch für Apotheken. Wer sich einer Gruppe besonders zuwendet, wird andere Gruppen verlieren. Leistungen, die für einige Menschen nützlich sind, interessieren andere nicht. Es kommt daher darauf an, die richtige Gruppe anzusprechen und die Corporate Identity daran auszurichten. Für alle Beteiligten günstig ist die Situation, wenn nahe liegende Apotheken unterschiedliche Kundengruppen ansprechen. Dann ist jede Apotheke in „ihrem" Kundenkreis der Marktführer, und die Kunden mit den verschiedensten Bedürfnissen haben jeweils eine Anlaufstelle, die ihre Wünsche optimal erfüllt. Dann bieten die Apotheken jeweils „ihren" Kunden den bestmöglichen Nutzen.

Solche Überlegungen sind auch für Apotheken mit Filialen anzustellen. Wenn sich die Apotheken eines Filialverbundes in ähnlichen Lagen an einen vergleichbaren Kundenkreis richten, erscheint eine gemeinsame Corporate Identity und eine gemeinsamer Marketingauftritt sinnvoll, zumal die gemeinsame Arbeit für zwei Apotheken Kosten spart. Unterscheiden sich die Standorte und Zielgruppen aber wesentlich, können zwei getrennte Marketingauftritte trotz höherer Kosten vorteilhaft sein.

SWOT-Analyse

Ein Hilfsmittel für die Auswahl einer passenden Zielgruppe ist die SWOT-Analyse. Die Buchstaben S, W, O und T stehen für **s**trengths, **w**eaknesses, **o**pportunities und **t**hreads (engl. = Stärken, Schwächen, Chancen und Gefahren). Dabei gilt es zunächst, das Umfeld der Apotheke nach Chancen und Gefahren abzusuchen. Als Chance ist ein mögliches Vorhaben zu werten, bei dem die Apotheke gegenüber ihren Wettbewerbern im Vorteil ist. Je größer der Vorteil und je wahrscheinlicher sein Eintreten ist, umso wichtiger ist diese Chance für die spätere Entscheidung. Gefahren sind dagegen ungünstige Entwicklungen des Umfeldes am Standort der Apotheke oder für die Apotheken insgesamt.

Während die Chancen und Gefahren eher außerhalb der Apotheke liegen, beziehen sich die Stärken und Schwächen auf die Leistungsfähigkeit der jeweiligen Apotheke und ihres Teams. Kriterien bei einer Stärken- und Schwächenanalyse sind beispielsweise die Belastung durch Fixkosten, der Bekanntheitsgrad, die Anzahl der Stammkunden, die Beteiligung an Kooperationen, das Dienstleistungsangebot, besondere Qualifikationen des Apothekenteams, die Eigenschaften des Standortes und die Kundenzufriedenheit. Letztere wird mithilfe von Kundenbefragungen ermittelt (siehe Kap. 7.9). Dabei ist stets zu fragen, ob dieser Aspekt eher eine Stärke oder eine Schwäche im Vergleich zu den Wettbewerbern ist und ob dies für eine bestimmte Positionierung der Apotheke eher vorteilhaft ist oder nicht.

Beispielsweise kann eine Apotheke mit einer hohen Miete für die Räume und vielen besonders gut qualifizierten und entsprechend gut bezahlten Mitarbeitern hohe Fixkosten haben. Diese hohen Kosten wären eine Schwäche in einem möglichen Preiskampf mit anderen Apotheken, die geringere Kosten aufweisen. Andererseits wären die besonderen Kompetenzen der Mitarbeiter eine Stärke beim Aufbau neuer pharmazeutischer Dienstleistungen, mit denen Stammkunden gewonnen werden können. Eine Chance könnte der enge Kontakt zu einer engagierten Selbsthilfegruppe sein, mit der sich gemeinsame Aktionen anbieten. Eine Gefahr wäre dagegen z. B. eine mögliche Verlagerung von Fußgängerströmen, weil eine U-Bahnhaltestelle verlegt werden könnte.

Um einer solchen Gefahr zu begegnen, müssen an anderer Stelle Chancen genutzt werden.

So ergibt sich aus Chancen, Gefahren, Stärken und Schwächen ein **Profil** der Apotheke und ihres Umfeldes. Dies hilft zu entscheiden, welche Spezialisierung zu der jeweiligen Apotheke passt. Wenn die Entscheidung getroffen wurde, kann die Positionierung nur erfolgreich werden, wenn sich das ganze Team dieser Auswahl bewusst ist, sich damit identifiziert und sie im Alltag umsetzt.

7.5 Kundenbindung und Kundenstrukturanalyse

Als erstes Ziel soll das Marketing die potenziellen Kunden überzeugen, bei dem betreffenden Unternehmen zu kaufen – und nicht bei der Konkurrenz. Der nächste Schritt ist, die Kunden langfristig zu binden. Dazu muss das Unternehmen ihnen möglichst viel Nutzen bieten. Der Begriff „Kundenbindung" bedeutet nicht, dass die Kunden durch Zwangsmaßnahmen an die Apotheke gefesselt werden. Vielmehr sollen sie von den Vorteilen der Apotheke überzeugt werden und freiwillig möglichst nur in diese Apotheke gehen. Hinter dieser Strategie steckt die Erfahrung, dass es sehr schwierig ist, die Aufmerksamkeit eines Menschen neu zu gewinnen – und je mehr Reize die Einkaufsstraßen und die Medienwelt überfluten, umso schwieriger wird dies. Dagegen ist es viel einfacher, eine Botschaft an Menschen zu vermitteln, die bereits aufmerksam sind. Sie lassen sich eher auf neue Angebote ein als Fremde. Zugleich steckt in vielen Stammkunden beachtliches Umsatzpotential, weil sie zwar oft, aber durchaus nicht immer nur diese Apotheke aufsuchen. Dieses Potenzial ist leichter zu erschließen als ganz neue Kunden zu gewinnen. Denn es geht „nur" darum, die bereits vorhandenen Kunden noch mehr von dieser Apotheke zu überzeugen. Dann machen sie auch mal einen Umweg, wenn sie zu einem weiter entfernten Facharzt gehen und anschließend die verordneten Arzneimittel holen.

Das Marketing bietet dafür viele Möglichkeiten, die als **Kundenbindungsinstrumente** bezeichnet werden. Im weitesten Sinne zählen dazu alle Maßnahmen, mit denen sich das Apothekenteam um die Kunden bemüht, von fachlicher Kompetenz über Freundlichkeit bis zum Dienstleistungsangebot. Daher werden viele Dienstleistungen in Apotheken ohne oder gegen ein höchstens kostendeckendes Entgelt angeboten (siehe Kap. 3.3 und 5.7). So wird auf einen Gewinn verzichtet – in der Hoffnung einen neuen Kunden zu gewinnen und langfristig zu erhalten. Dies gilt beispielsweise für die Blutdruck- oder Blutzuckermessung oder ganz besonders beim Verleih von Milchpumpen und Babywaagen, weil junge Eltern in ihrer neuen Situation meist für alle Neuerungen, die sich aus der Elternschaft ergeben, besonders aufgeschlossen sind und wegen ihrer Kinder in den nächsten Jahren erfahrungsgemäß zu regelmäßigen Apothekenkunden werden.

Kundenbindungsinstrumente im engeren Sinne sollen die Kunden auf einer möglichst persönlichen Ebene vom Nutzen überzeugen, den gerade diese Apotheke ihnen bietet. Sie sind auf eine langfristige Beziehung angelegt und nicht auf einen einmaligen Effekt, was einen wesentlichen Unterschied zu vielen anderen Marketingmaßnahmen darstellt. Der Sammelbegriff der Marketingfachsprache für den Umgang mit den verschiedensten Kundenbindungsmaßnahmen und die dafür notwendige Verwaltung von Kundendaten ist „**Customer Relationship Management**“ (engl. = Kundenbeziehungsmanagement).

Zeitschriften und Kalender

Eine schon lange bekannte Kundenbindungsmaßnahme in Apotheken sind Kundenzeitschriften. Wer eine solche Zeitschrift zu schätzen gelernt hat, möchte immer wieder die neueste Ausgabe lesen. So ist jede neue Ausgabe ein Grund für einen Besuch in der betreffenden Apotheke – und nicht in einer beliebigen anderen Apotheke. Diese Wirkung lässt sich noch steigern, wenn die Kundenzeitschrift in einer individuellen Aufmachung der jeweiligen Apotheke erscheint oder sogar selbst gestaltete Seiten enthält. Eine ähnliche **Bindungswirkung** kann mit Kalendern erzielt werden, weil sie ein ganzes Jahr lang im Blickfeld hängen und an die Apotheke erinnern. Wenn der Kalender gefällt, kann der wirksame Werbeplatz in der Wohnung des Kunden über Jahre gesichert sein.

Warenproben

Die meisten anderen Zugaben und Präsente sind wettbewerbsrechtlich oder aufgrund der Berufsordnungen für Apotheker verboten. Zudem wäre ihre Wirkung sehr fraglich, weil sie meist keine inhaltliche Beziehung zur Apotheke haben. Sofern sie überhaupt wirken, lösen sie hauptsächlich den Wunsch nach immer mehr und größeren Geschenken aus, was für die Apotheke eine sehr teure und wenig erfolgreiche Werbung wäre. Ausnahmen bilden Warenproben, die bei Kosmetika sinnvoll sein können, weil deren subjektiver Effekt vielfach nur durch eigenes Ausprobieren zu beurteilen ist. Das sind aber Marketingmaßnahmen, die eher den Verkauf eines bestimmten Produktes und weniger die Bindung an die jeweilige Apotheke fördern sollen.

Apothekentypische Dienstleistungen

Sehr gute Wirkungen als Kundenbindungsinstrumente versprechen Dienstleistungen der Apotheke. Neben dem pharmazeutischen Zweck von Dienstleistungen wie Blutdruck- und Blutzuckermessungen oder Reiseimpfberatungen wirken diese auch als Kundenbindungsinstrumente. Dies gilt umso mehr, je stärker die Maßnahmen auf die individuellen Bedürfnisse einzelner Patienten abzielen und je langfristiger diese Bedürfnisse sind. So kann beispielsweise aus einem Diabetiker, der bei einem Screening erkannt wurde, ein Stammkunde werden.

Persönliche Ansprache in der Apotheke

Besonders gut müssten demnach solche Kundenbindungsinstrumente wirken, die sich ganz individuell an bestimmte, namentlich bekannte Kunden richten. Dies ist Kundenbindung im engsten Sinne des Begriffes. Wenn Patienten persönlich angesprochen werden sollen, müssen diese natürlich erst einmal persönlich bekannt sein. Daher eignen sich solche Maßnahmen in erster Linie für Personen, die schon mehrfach in der Apotheke waren oder mit einer gewissen Regelmäßigkeit dorthin kommen. So werden individuelle Besonderheiten bekannt. Manchmal kann aber auch schon ein einziges Rezept genügend Informationen bieten, wenn dies beispielsweise offensichtlich eine Verordnung für einen Diabetiker, Asthmatiker oder einen anderen chronisch Kranken ist. Ebenso einfach sind Kunden mit kleinen Kindern und den sich daraus ergebenden Bedürfnissen zu erkennen.

Daten als Schlüssel zum individuellen Marketing

Um Dienstleistungen oder Produkte gezielt anbieten zu können, ist es hilfreich, Namen und Adressen zu speichern. Dabei sollte den Kunden eine ungefähre Vorstellung vermittelt werden, welche Art von Informationen sie später von der Apotheke erhalten werden, damit sie dies nicht als unangenehme Überraschung empfinden. Außerdem sollte herausgestellt werden, dass die Anschrift nicht für die Produktwerbung an Hersteller oder für irgendwelche anderen Zwecke weitergegeben wird. Wegen des Datenschutzes müssen die Kunden eine **Einverständniserklärung** unterschreiben, damit die Daten gespeichert werden dürfen. Ein entsprechendes Formular sollte vorbereitet sein.

Mailings an die Kunden

Wenn die persönlichen Daten von Kunden in der Apotheke bekannt sind, bietet es sich an, Briefe an Stammkunden oder gezielt an bestimmte Kundengruppen zu senden. Dies wird in der Marketingfachsprache als Mailing (engl. *mail* = Post) bezeichnet. Damit können Aktionen oder neue Serviceleistungen der Apotheke, die sich an bestimmte Kundengruppen wenden, gezielt bekannt gemacht werden. Wenn die Zielgruppe einer Aktion relativ klein ist, kann das Mailing entscheidend für den Erfolg einer Aktion sein (siehe Kap. 7.7). Durch die zunehmende Verbreitung des Internets können Mailings auch per E-Mail versendet werden, was oft einfacher und auf jeden Fall billiger als die herkömmliche Post ist. Durch regelmäßige Hinweise auf interessante Neuerungen kann die Apotheke sich immer wieder in Erinnerung rufen. Dies sollte aber nicht zu oft geschehen, um nicht lästig zu werden. Jede E-Mail sollte einen sinnvollen Anlass haben, wie einen Terminhinweis auf ein Ereignis in der Apotheke oder ein jahreszeitlich bedingtes Angebot.

Pharmazeutische Betreuung

Neben dem Marketing gibt es wichtige pharmazeutische Gründe für die Speicherung von Patientendaten. Besonders wichtig ist die **Medikationsgeschichte** des jeweiligen Patienten, also alle Arzneimittel, die er auf Rezept verordnet bekommen oder für die Selbstmedikation gekauft hat. So können Patienten viel besser beraten werden, weil das zeitraubende und fehleranfällige Nachfragen nach diesen Informationen entfällt. Diese Datenspeicherung bildet auch die Grundlage für Leistungen der Pharmazeutischen Betreuung, die Apotheken im Rahmen von **Hausapothekenmodellen** erbringen. Nur so können Apotheken alle ihre Beratungsmöglichkeiten ausschöpfen und den Patienten den größtmöglichen Nutzen bieten. So kann erkannt werden, ob die Arzneimittel in der vorgesehenen Zeit verbraucht werden und ob sich unerwünschte Effekte aus Wechselwirkungen von Arzneimitteln ergeben können.

Die aus pharmazeutischer Sicht sinnvolle Datenspeicherung bietet zugleich einen betriebswirtschaftlichen Vorteil für die Apotheke. Die Pharmazeutische Betreuung ist im Sinne des Marketings letztlich eine hervorragende Kundenbindungsmaßnahme, wie es sie in keiner anderen Art von Unternehmen gibt. Die Patienten haben gesundheitliche Vorteile, wenn sie stets in die gleiche

Apotheke gehen – und genau das ist für die Apotheke wiederum wirtschaftlich vorteilhaft. In der Betriebswirtschaftslehre wird ein solcher Fall mit beiderseitigen Vorteilen als **„Win-win-Situation"** bezeichnet.

Win-win-Situation

» Als Win-win-Situationen (engl. win = Gewinn) werden Gegebenheiten bezeichnet, bei denen beide Partner einer Vereinbarung gleichermaßen einen Vorteil haben. In anderen Fällen sind Vereinbarungen auf einen Ausgleich entgegengesetzter Interessen gerichtet, weil der Käufer billig einkaufen und der Verkäufer teuer verkaufen möchte. Bei einer Win-win-Situation haben dagegen beide Seiten im Ergebnis gleichgerichtete Interessen, wenn auch meist aus unterschiedlichen Gründen.

Kundenkarten

Eine solche Kundenbindung kann durch Kundenkarten verkörpert werden. Es ist psychologisch wirkungsvoll, dass die Kunden etwas in die Hand bekommen und ihr Name darauf vermerkt ist. So wird die Beziehung zwischen der Apotheke und ihrem Kunden sichtbar und greifbar. Darum werden die Karten oft nur als Ausweis eingesetzt, auf dem nichts gespeichert ist. Die Daten werden dann nur in der Apotheke gespeichert und können auch gelesen und auf dem neuesten Stand gehalten werden, wenn die Kunden ihre Karten vergessen haben. Zudem ist es für die Kundenbindung günstig, wenn die Daten nur in der einen Apotheke verfügbar sind.

Daher sind für Marketingzwecke solche Kundenkarten besonders geeignet, die nur als Ausweis dienen und keine Datenspeicher enthalten. Aus pharmazeutischer Sicht gibt es jedoch auch Vorteile, wenn der Patient selbst seine Daten bei sich trägt und diese möglichst in jeder Apotheke gelesen werden können. Dann kann der Patient ohne Schwierigkeiten auch im Notdienst oder auf Reisen in anderen Apotheken beraten werden, sofern alle Apotheken die gleiche Technik benutzen. Die Kundenbindung ist dann aber nicht mehr so eng wie bei den Ausweiskarten.

Die neue elektronische Gesundheitskarte soll langfristig zur Einführung elektronischer Rezepte führen. Damit würde für jeden Versicherten eine Medikationsdatenbank entstehen. Mit der elektronischen Gesundheitskarte wäre dann die Medikationsgeschichte des Patienten in jeder Apotheke abrufbar. Wann diese Funktion der elektronischen Gesundheitskarte eingeführt und bundesweit verfügbar wird, ist beim Redaktionsschluss dieses Buches nicht absehbar. Auf sehr lange Sicht könnten die Kundenkarten einzelner Apotheken dadurch aber an Bedeutung verlieren. Vielleicht wird das aber auch die Phantasie der Apotheker anregen, mit neuen Serviceideen auf den eigenen Karten mehr zu bieten als die elektronische Gesundheitskarte für alle.

„Follow up"-Anrufe bei den Patienten

Auch das Telefon bietet Möglichkeiten zur Kundenbindung. Gemeint sind hier aber keine störenden und unzulässigen unaufgeforderten Werbeanrufe bei irgendwelchen Menschen, die gar nicht Kunde des Unternehmens sind. Sinnvoll können dagegen Anrufe bei Kunden sein, die bereits eine Leistung in Anspruch genommen haben. Dabei wird erfragt, ob der Kunde mit der Leistung zufrieden war und was noch verbessert werden könnte. Außerdem ruft sich das Unternehmen damit in Erinnerung und wirbt für den nächsten Besuch des Kunden. Dies ist bei Hotels, Autowerkstätten und Tierarztpraxen durchaus üblich. Auch in Apotheken gäbe es gute Gründe für solche „follow up"-Anrufe (engl. *follow up* = weiterverfolgen). Sie sind nicht nur eine Marketingmaßnahme, sondern auch ein Instrument der Pharmazeutischen Betreuung. Damit soll ermittelt werden, ob ein Patient mit der Medikation zurechtkommt, ob bei der Anwendung eines neuen Arzneimittels Fragen entstanden sind und wie es vertragen wird. Zweckmäßigerweise wird der Patient einige Tage nach der Abgabe des Arzneimittels angerufen. Arzneimittelbezogene Probleme können so schneller erkannt werden – nicht erst beim nächsten Besuch des Patienten in der Apotheke oder beim Arzt. Neben den pharmazeutischen Aspekten hat ein solcher Telefonanruf auch eine Wirkung im Sinne des Marketings, denn die Patienten fühlen sich auf diese Weise gut betreut. Trotz noch so guter Absichten sollte aber immer die Grundregel beherzigt werden, die auch anderswo für Anrufe bei den Kunden gilt: Schon in der Apotheke sollte gefragt werden, ob Patienten mit dem späteren Anruf einverstanden sind. Falls das so ist, kann dann um die Telefonnummer gebeten werden.

Internetauftritt

Darüber hinaus erweitern neue Medien wie das Internet die Möglichkeiten der Kundenbindung. So dürfte der Internetauftritt einer Apotheke die Stammkunden mindestens ebenso ansprechen wie potenzielle Neukunden. Im Internetauftritt können sich alle Mitglieder des Apothekenteams mit ihren Arbeits- und Interessensschwerpunkten vorstellen. Solche Details können die im Gespräch geschaffene Vertrauensbasis weiter stärken. Außer diesem psychologischen Aspekt bietet das Internet wichtige Informationsmöglichkeiten. So erfahren die Kunden, was die Apotheke noch alles zu bieten hat und wonach sie vielleicht gar nicht fragen würden. Damit kann auch das Internet helfen, ein wesentliches Ziel des Marketings zu erreichen, nämlich den vom Kunden wahrgenommenen Nutzen der Apotheke zu vergrößern.

7.6 Nutzenorientierung und Cross-Selling

Das Ziel des Marketings, den wahrgenommenen Nutzen des Kunden zu vergrößern, bedeutet erstens den Kunden Nutzen zu bieten und zweitens die Kunden diesen Nutzen auch wahrnehmen zu lassen. Weder die Apotheke noch irgendein Produkt mit seinen Eigenschaften ist für den Kunden entscheidend, sondern das, was der Kunde damit anfangen kann. Aus dieser Idee leiten sich viele Marketingkonzepte ab, sie kann aber auch als Wegweiser für den Umgang mit Kunden im Beratungsalltag der Apotheke dienen.

Nutzen im Beratungsalltag

Wer eine Apotheke betritt, möchte ein Rezept einlösen oder ein Arzneimittel oder ein anderes Produkt kaufen. Hinter diesen Produktwünschen steht aber immer ein Ziel: eine Krankheit zu heilen, ihre Symptome zu lindern oder etwas zur Gesunderhaltung oder für die Körperpflege zu tun. Das Produkt ist nur das Mittel zu diesem Zweck, der Nutzen selbst ist das Ziel. Doch oft dreht sich das Beratungsgespräch nur um das Produkt. Noch viel stärker ist dieser Trend außerhalb der Apotheke, ohne Beratung stehen die Produkte dort nur für sich selbst. Darum sollten bei allen Beratungsgesprächen in der Apotheke folgende Gedanken im Vordergrund stehen:

- Was möchte der Kunde erreichen?
- Wie ist dies möglich?
- Welches Produkt kann diesen Zweck möglichst gut erfüllen?
- Wie muss das Produkt angewendet werden, um dies zu erreichen?

Tipp für die Praxis

Diese Denkweise sollte auch den Sprachgebrauch im Kundengespräch prägen. So ist der Satz „Dieses Nasenspray wirkt abschwellend auf die Schleimhaut" aus der Perspektive des Produktes formuliert. Sachlich ebenso zutreffend, aber viel passender, ist der Satz: „Dieses Nasenspray lässt die Schleimhaut abschwellen, und Sie können wieder besser atmen." Hier wird die gleiche Aussage aus der Perspektive des Patienten formuliert. Es wird sein Nutzen und nicht das Produkt betont. Dementsprechend trifft der Satz „Das Arzneimittel bindet überschüssige Magensäure" auf ein Antazidum zu, aber für den Patienten bedeutsamer ist die Formulierung: „Das Arzneimittel bindet Säure und verhindert so das Aufstoßen."

Kundenwünsche hinterfragen

Überlegungen zum Hintergrund der Kundenwünsche sind auch angebracht, wenn die Kunden ausdrücklich nach einem bestimmten Produkt fragen. Denn die meisten Menschen haben sich an die produktbezogene Denkweise gewöhnt. Sie fragen nach einem Produkt, obwohl sie einen bestimmten Zweck verfolgen. Sie übersetzen den Zweck bewusst oder unbewusst in einen Produktwunsch. Bei der Beratung in der Apotheke sollte dieser Wunsch gewissermaßen in das dahinter verborgene Ziel „rückübersetzt" werden.

Dies ist keineswegs nur eine Marketingmaßnahme mit wirtschaftlichem Hintergrund, sondern auch notwendig für eine im pharmazeutischen Sinne gute Beratung. Denn dabei kann sich herausstellen, dass der Kunde mit seinen laienhaften Vorstellungen gar nicht den Produktwunsch geäußert hat, der sein Problem optimal lösen würde. Vielleicht hat der Kunde falsche Vorstellungen von einem Produkt oder er kennt das besser geeignete Produkt nicht. Manchmal vermittelt die Publikumswerbung ein verzerrtes Bild von den Eigenschaften der Arzneimittel. Dies lässt sich nur erkennen, wenn die Kunden gefragt werden, was sie mit dem Produkt anfangen möchten. So kann sich ergeben, dass ein anderes Mittel besser geeignet ist.

Cross-Selling

Noch häufiger wird sich dabei herausstellen, dass außer dem gewünschten Produkt noch weitere Arzneimittel oder andere Artikel aus dem Apothekensortiment zusätzlich helfen können, das Ziel zu erreichen. Dies gilt insbesondere für die Belieferung von Rezepten. Hier hat der Arzt das Produkt ausgewählt, doch steckt dahinter ein therapeutisches Ziel. Daher sollte überlegt werden, ob die Apotheke noch einen weiteren Beitrag leisten kann, um dieses Ziel zu erreichen. Diese Vorgehensweise wird in der Marketingsprache als Cross-Selling (engl., wörtlich = Über-Kreuz-Verkauf) bezeichnet, oft wird sie auch **Zusatzverkauf** genannt. Damit ist gemeint, zusätzlich zu einem Produkt einen weiteren Artikel zu verkaufen, der diesen sinnvoll ergänzt. Es geht also nicht darum, ein ähnliches Produkt nochmals zu verkaufen, um den Effekt zu steigern. In der Apotheke wäre dies nicht nur unsinnig, sondern oft sogar gefährlich, weil die Wirkung zu sehr verstärkt würde. Gesucht ist stattdessen ein sinnvoller **Synergieeffekt**, der die Wirkung des ersten Produktes unterstützt. Das zusätzliche Produkt soll dem gleichen Ziel dienen, aber auf einem anderen Weg, gewissermaßen „über Kreuz", daher die Bezeichnung.

Tipp für die Praxis

Wenn jemand z. B. ein schleimhautabschwellendes Nasenspray verlangt, so wäre es vollkommen falsch, dann auch noch Schnupfenkapseln mit einem ähnlichen Wirkstoff anzubieten. Diese beiden Produkte schließen einander sogar aus, weil sie in gleicher Weise wirken und bei einer Kombination besonders ihre unerwünschten Wirkungen zunehmen würden. Stattdessen sollte beim Cross-Selling folgende Überlegung gelten: Was möchte der Kunde mit dem Nasenspray erreichen? Bei Schnupfen besser atmen zu können. – Wie ist dies ebenfalls zu erreichen? Mit Inhalationen. Eine geeignete Empfehlung wäre demnach eine Inhalation mit den dazugehörigen Produkten. Da Schnupfen häufig mit anderen Erkältungsbeschwerden gemeinsam auftritt, läge auch die Frage nahe, ob außerdem eine Hilfe gegen Halsschmerzen oder Husten gewünscht wird. Dies kann sich dann aber erst aus der Nachfrage beim Patienten ergeben. – Eine andere Möglichkeit ergibt sich beim Kauf einer Creme gegen Fußpilz. Dann könnte zusätzlich ein Produkt für die hygienische Pflege der Wäsche angeboten werden. – Es geht also nicht darum, nach ähnlichen Produkten zu suchen, sondern „über Kreuz" zu denken und ergänzende Produkte anzubieten, die das gleiche Ziel auf anderen Wegen erreichen.

Pharmazeutischer Hintergrund

Damit ist Cross-Selling keine einfache Verkaufsstrategie, die nur den Umsatz erhöhen soll. Es geht nicht darum, unbedingt mehr zu verkaufen, sondern dem Kunden zusätzliche Möglichkeiten anzubieten, seinen Nutzen zu verbessern. Dies gehört auch zum Anspruch der Apotheke, Kunden umfassend über die Behandlung ihrer Erkrankung oder zur Gesunderhaltung zu beraten. Zusatzverkäufe sind daher auch pharmazeutisch sinnvoll und ein Zeichen dafür, dass das Apothekenpersonal auf die Kundenbedürfnisse eingeht. Der Kunde darf sich aber nicht bedrängt fühlen. Daher hängt der Erfolg auch von der richtigen Wortwahl, der Körpersprache und dem Einfühlungsvermögen für den Kunden ab, wie bei jedem Kundengespräch.

Nutzen durch Dienstleistungen

Ein weiterer Grund, weshalb das Cross-Selling gerade für Apotheken große Bedeutung hat, ist das für Laien meist unüberschaubare Angebot der Apotheken. Die Kunden wissen nicht, was ihnen noch helfen könnte. Der Grundgedanke, den wahrgenommenen Nutzen des Kunden zu mehren, geht dabei weit über das Angebot von Produkten hinaus. Er lässt sich auch auf Dienstleistungen anwenden. Auf manche Kundenbedürfnisse kann eine solche Dienstleistung die passende Antwort sein. Das wäre zugleich eine ideale Form der Kundenbindung im Interesse der Apotheke. Die Möglichkeiten sind so vielfältig wie die Dienstleistungen in der Apotheke, von der Blutdruck- und Blutzuckermessung über die Reiseimpfberatung bis zum Verleih von Milchpumpen (siehe Abb. 7.4).

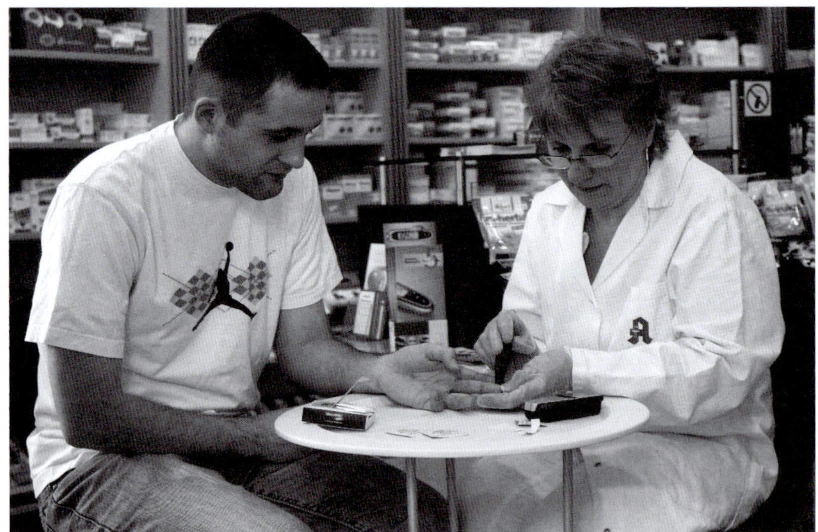

Abb. 7.4: Die Blutzuckermessung kann eine für die Kunden sehr nützliche Dienstleistung sein, zumal nicht alle Diabetiker ständig ihr Messgerät bei sich haben. Außerdem kann sie als Screeningmaßnahme helfen, Diabetiker zu erkennen und einer Therapie zuzuführen. Quelle: ABDA

Nutzen durch Netzwerke

Noch weiter gedacht, lässt sich die Apotheke als Teil eines Netzwerkes von Problemlösungen verstehen. Denn die Apotheke kann mit Partnern im Gesundheitswesen, wie Sanitätshäusern, Pflegediensten, Reformhäusern und Selbsthilfegruppen zusammenarbeiten. Wenn diese gegenseitig aufeinander hinweisen oder gemeinsame Aktionen durchführen, können strategische Netzwerke entstehen. Dies hilft den Patienten, weil die Partner des Netzwerkes ihnen zusätzlichen Nutzen bieten und die gemeinsame Organisation innerhalb eines Netzwerkes die Zusammenarbeit erleichtert. Davon profitieren aber auch die Partner des Netzwerkes, die sich gegenseitig zusätzliche Kunden verschaffen.

Manche Angebote sind den Patienten nicht bekannt und werden daher nicht genutzt. Hier bieten sich Apotheken als Lotsen durch das komplizierte Gesundheitswesen an. Im Zeitalter einer zunehmenden Informationsflut ist dabei wesentlich, nicht irgendwelche Angebote zu verbreiten, sondern den Kunden auf die jeweils individuell sinnvollen Möglichkeiten aufmerksam zu machen. Außerdem wirkt die gegenseitige Empfehlung für die Patienten als

Qualitätsversprechen. Eine Empfehlung aus der Apotheke des Vertrauens ist besser als jede Werbung – und dies sollte umgekehrt für die anderen Partner auch gelten, die daher sorgfältig ausgewählt werden und ihre Qualitätsversprechen einhalten müssen. Für solche Beratungen ist das persönliche Gespräch unverzichtbar. Auskünfte über sinnvolle Angebote, die dem Kunden individuell helfen können, werden meist dankend angenommen. Die Apotheke kann sich als kompetenter Problemlöser profilieren – und genau darum geht es.

7.7 Event-Marketing

Besondere Ereignisse, die über das alltägliche Angebot der Apotheke hinausgehen, können den wahrgenommenen Nutzen der Kunden mehren und zugleich die Aufmerksamkeit auf die Apotheke lenken. Ereignisse in der Apotheke wie Beratungsaktionen oder Hauttests machen die Kunden zu aktiven Partnern und sind damit wirkungsvolle Hilfsmittel, um auf die Leistungen der Apotheke oder bestimmte Produkte aufmerksam zu machen. Wie viele andere Instrumente gehören sie zu einem bunt gemischten Marketing-Programm. In der Marketingsprache wird dies als Event-Marketing (engl. *event* = Ereignis) bezeichnet. Dabei wird das Marketing selbst zum Erlebnis für die Kunden. Die Kunden werden in das Geschehen einbezogen und können selbst aktiv werden, was zugleich das Typische am Event-Marketing ist. So ist der Erlebniswert viel größer als bei anderen Marketingmaßnahmen – und damit meist auch die Wirkung. Besonders die Aufmerksamkeit wird gesteigert. Denn das eigene Erleben ist ein intensiveres Gefühl als ein noch so großes Erstaunen über neue Werbung. Um die Kunden gezielt anzusprechen, muss das Ereignis gut zur jeweiligen Kundengruppe passen.

Außerhalb von Apotheken gibt es viele Beispiele für das Event-Marketing. Dazu gehören aktiv angebotene Warenproben, die sofort getestet werden können, beispielsweise Lebensmittel. Weit verbreitet sind Gewinnspiele. Noch intensiver wirkt ein echtes „Erlebnis“, beispielsweise als Gewinn bei einer Verlosung: So könnte ein Autohaus eine Fahrt in einem Rennsimulator oder ein Reisebüro einen Ballonrundflug anbieten. Viele solcher Maßnahmen passen nicht zur heilberuflichen Aufgabe der Apotheke und würden das Image des kompetenten Gesundheitsberaters zerstören – das wäre auch aus der Perspektive des Marketings ein katastrophales Ergebnis. Dennoch lässt sich die Grundidee des Event-Marketings auf die Apotheke übertragen.

Aktionen für Produkte

Die meisten Maßnahmen des Event-Marketings im Einzelhandel werden von den Herstellern der beworbenen Produkte organisiert und beziehen sich daher auf die Produkte und ihre Marke. Auch Hersteller von OTC-Arzneimitteln und anderen apothekenüblichen Produkten bieten solche Aktionen für Apotheken an. Besonders verbreitet sind Hauttests und spezielle Beratungen von Kosmetikanbietern (siehe Abb. 7.5). Für das Apothekenteam erleichtert dies die Organisation und Durchführung, aber den Erfolg muss sich die Apotheke mit dem Hersteller teilen. Denn inhaltlich steht dabei das Produkt und nicht die Apotheke im Vordergrund. Typische Beispiele für das Event-Marketing in der Apotheke neben der Kosmetikberatung sind **Warenprobeaktionen** wie der Ausschank von Tees oder Vitamintrunks.

Abb. 7.5: Hauttests und Probeaktionen für Kosmetika sind typische Maßnahmen des Event-Marketings, die den Verkauf der Kosmetikprodukte und die Kundenbindung an diese Produkte und an die Apotheke fördern sollen. Quelle: Imago/Udo Kröner

Tipp für die Praxis

Bei Aktionen, die in der Apotheke von Industrieunternehmen durchgeführt werden, besteht die Gefahr, dass die Kunden das Personal des Herstellers mit dem Apothekenteam verwechseln können und die ungefilterten Werbeaussagen des Herstellers für Beratungsempfehlungen unabhängiger Fachleute halten. Solche Missverständnisse sollten in der Apotheke unbedingt vermieden werden. Unproblematischer erscheint daher, Material der Industrie einzusetzen, die Aktion aber mit dem Apothekenteam durchzuführen. Allerdings steht dann immer noch ein Produkt im Mittelpunkt.

Aktionen für die Apotheke

Für Apotheken liegt es näher, die eigene Kompetenz und Leistungspalette darzustellen. Eine solche Aktion nur mit den Mitteln der Apotheke durchzuführen, ist allerdings erheblich mühsamer. Hilfe bieten neben kostenintensiven Event-Agenturen die pharmazeutischen Großhändler und die Hersteller verschreibungspflichtiger Arzneimittel an. Für diese Produkte darf in der Öffentlichkeit nicht geworben werden, doch unterstützen manche Hersteller Betreuungsaktionen zu den von ihnen bearbeiteten Indikationsgebieten. So bieten sich Blutzucker-, Cholesterin- oder Venenmessaktionen oder die Überprüfung der Reiseapotheke an, um die Apotheke mit ihrer Kompetenz in Gesundheitsfragen darzustellen. Insgesamt beinhaltet das Gebiet der Gesundheitsvorsorge viele Möglichkeiten für das Event-Marketing, die sich an relativ große Bevölkerungsgruppen richten. Naturgemäß enger ist die Zielgruppe, wenn Patienten mit bestimmten Krankheiten wie Diabetes oder Asthma angesprochen werden. Eine Aktion für eine solche Zielgruppe ist sinnvoll, um auf ein besonderes Angebot für diese Patienten hinzuweisen, aber weniger geeignet, um die Apotheke einer breiteren Öffentlichkeit bekannt zu machen.

Je kleiner die Zielgruppe ist, umso wichtiger ist es, die betreffenden Kunden vorher gezielt auf die Aktion aufmerksam zu machen. Eine gut gepflegte Kundendatei ist dann ein großer Vorteil. Dies ist eine wichtige Anwendungsmöglichkeit für die in Kapitel 7.5 angesprochene Sammlung von Kundendaten. Bei einer sehr kleinen Zielgruppe können diese Informationen für das Gelingen der Aktion entscheidend sein. Wenn sich die Aktion an die breite Öffentlichkeit richtet, ist dagegen eine breiter gestreute Werbung angebracht, beispielsweise mit Handzetteln oder Zeitungsanzeigen. Besonders hilfreich ist die Kombination mit Ereignissen wie Stadt- oder Straßenfesten. Wenn genügend Menschen an der Apotheke vorbeigehen, ist die Aktion selbst die beste Werbung für die Aktion. Darum sollte unbedingt durch das Schaufenster erkennbar sein, dass in dieser Apotheke gerade „etwas los ist".

7.8 One-to-one-Marketing und Massenmarketing

Die bisher vorgestellten Formen des Marketings verbindet die Gemeinsamkeit, möglichst gezielt auf die Bedürfnisse der Kunden einzugehen. Wenn dabei individuelle Mittel genutzt werden, die auf die einzelnen Kunden zugeschnitten sind, wird dies auch als „One-to-one-Marketing" (engl. *one to one* = eins zu eins) bezeichnet. Dazu gehören insbesondere das Cross-Selling, die Kundendatei, Kundenkarten und daraus abgeleitete Instrumente wie Follow-up-Anrufe. Nicht ganz so individuell, aber immerhin gezielt auf den Bedarf einer klar beschreibbaren Gruppe ausgerichtet sind das Category Management (siehe Kap. 7.3) und das Event-Marketing. Wörtlich genommen sind dies keine „One-to-one"-Beziehungen, dahinter steckt aber die gleiche Idee, den individuellen Nutzen zu mehren.

Für die Apotheke geht es neben der jeweiligen Verkaufssituation dabei immer auch um langfristige Kundenbindung. Die Apotheke soll als Problemlöser im Gesundheitswesen dargestellt werden, den der Kunde später auch bei anderen Gesundheitsproblemen gerne in Anspruch nimmt. Außerdem soll die enge Kundenbindung der Apotheke einen Spielraum für Preiserhöhungen verschaffen, weil überzeugte Kunden, deren individuelle Bedürfnisse in der betreffenden Apotheke besonders gut erfüllt werden, dafür in gewissem Maße höhere Preise in Kauf nehmen. Zumindest achten sie bei der Wahl der Apotheke weniger auf Preise als auf andere Argumente.

Massenmarketing

Den Gegensatz zu solchen individuellen Instrumenten bildet das Massenmarketing, das möglichst viele Menschen in möglichst einheitlicher Form anspricht und dabei nur auf weit verbreitete Bedürfnisse eingehen kann. Dabei geht es nicht um Individualität. Typische Mittel des Massenmarketings sind Fernseh- und Zeitungswerbung, Leuchtreklamen, Plakataktionen und breit gestreute Handzettel (siehe Kap. 7.2). Viele Menschen denken bei dem Begriff Marketing eher an dieses Massenmarketing als an individuelle Instrumente. Für die Apotheke interessieren dagegen vorrangig die individuell wirksamen Instrumente, weil auch die Stärke der Apotheke in ihrer persönlichen Beziehung zu den Kunden liegt. Außerdem haben Apotheken meist einen viel zu kleinen Einzugsbereich und viel zu geringe finanzielle Mittel, um Massenmarketing sinnvoll betreiben zu können.

Apotheken profitieren jedoch indirekt vom Massenmarketing der Pharmaindustrie und anderer Hersteller für Produkte, die in der Apotheke verkauft werden. Dies sollte auch beim Marketing der Apotheken berücksichtigt werden. So können Motive aus der Fernseh- und Zeitschriftenwerbung in die Schaufensterdekoration aufgenommen werden, um die Kunden an das Produkt zu erinnern. Daher sollten Produkte, für die der Hersteller zurzeit besonders intensiv wirbt, bevorzugt in der Frei- und Sichtwahl platziert werden.

Breit gestreutes Marketing für die Apotheke

In manchen Fällen nutzen aber auch Apotheken selbst Instrumente des Massenmarketings, also breit gestreutes Marketing. Dazu gehören die Werbung in Zeitungen und Handzettel, die in Briefkästen verteilt werden. Allerdings ist nicht jeder Handzettel als Massenmarketing zu betrachten, denn innerhalb der Apotheke können Handzettel auch sehr gezielt und individuell eingesetzt werden. Handzettel und ähnliche Druckwerke werden in der Marketingsprache oft als Flyer (engl. *fly* = fliegen) bezeichnet. Typischerweise sind dies einzelne ungefaltete Blätter, doch wird der Begriff zunehmend auch für mehrseitige Druckwerke verwendet. Zu einer mehrseitigen Broschüre gefaltete Zettel heißen Folder (engl. *fold* = falten). Flyer und Folder lassen sich gezielt im Einzugsbereich der Apotheke in Briefkästen verteilen. Dies ist ein großer Vorteil, weil ein großer Teil davon dann bei potenziellen Kunden ankommt. Zeitungen werden dagegen meist in einem viel größeren Verbreitungsgebiet als dem Einzugsgebiet einer Apotheke gelesen. Eine Anzeige erreicht daher viele Leser, die viel zu weit von der Apotheke entfernt wohnen, um als Kunden in Betracht zu kommen, sie hat also einen großen Streuverlust (siehe Kap. 7.2).

Das macht zugleich ein grundlegendes Problem des Massenmarketings deutlich. Die Werbung in breit gestreuten Medien ist teuer und hat dabei hohe Streuverluste. Für Unternehmen mit eng begrenztem Einzugsbereich wie Apotheken ist dies ungeeignet. Ein weiterer großer Nachteil des Massenmarketings ist der fehlende persönliche Bezug. So ist es kaum möglich, auf die individuellen Bedürfnisse der Patienten einzugehen. Stattdessen lassen sich nur einfache Botschaften vermitteln. Während in der Produktwerbung der Industrie auch mit Instrumenten des Massenmarketings vielfach differenzierte Aussagen zu den Eigenschaften des Produktes vermittelt werden können, können Apotheken mit diesen Methoden oft nur darstellen, welche Produkte zu welchem Preis angeboten werden. Die zu erwartenden nachteiligen Folgen des Wettbewerbs mit niedrigen Preisen für den betriebswirtschaftlichen Erfolg von Apotheken wurden aber schon in Kapitel 5.5 erwähnt. Bei einer solchen Zielsetzung steht das Massenmarketing geradezu im Gegensatz zum individuell ausgerichteten Marketing, das üblicherweise nicht auf den Preis ausgerichtet ist und sogar Möglichkeiten zu Preiserhöhungen bieten soll. So bleiben als Vorteile für das Massenmarketing bestenfalls noch, die Aufmerksamkeit überhaupt auf die Apotheke zu richten und vielleicht auf ein bevorstehendes besonderes Ereignis im Sinne des Event-Marketings hinzuweisen.

7.9 Marketing-Controlling

Alle Marketinginstrumente und ganz besonders das Event-Marketing müssen sorgfältig geplant werden. Dazu gehören die Festlegung der verfügbaren Finanzmittel und die Zeitplanung. Alle nötigen Arbeiten müssen auf das Apothekenteam verteilt werden. Für Ereignisse im Sinne des Event-Marketings muss rechtzeitig geworben werden. Nach jeder Marketingmaßnahme sollte der Erfolg überprüft werden. So wie die übrige geschäftliche Tätigkeit im Controlling (siehe Kap. 6.4) hinterfragt wird, gibt es auch ein Marketing-Controlling. Auch dabei werden vielfach Kennzahlen eingesetzt, aber die Erfolge des Marketings lassen sich nicht immer als Umsätze oder Gewinne messen. Dies gelingt allenfalls bei gezielten Maßnahmen für bestimmte Produkte. Beim Umsatz oder Gewinn der gesamten Apotheke lässt sich dagegen kaum ermitteln, inwieweit Erfolge auf einer bestimmten Marketingmaßnahme beruhen. Als typische Erfolgsgrößen für das Marketing-Controlling werden daher eher die Kundenzahlen oder die Teilnehmerzahlen bei Aktionen herangezogen.

Kundenbefragungen

Zur Erfolgskontrolle können auch Kundenbefragungen dienen, die darüber hinaus im Marketing noch andere Zwecke erfüllen. Sie wirken selbst als Marketingmaßnahme, weil sie die Aufmerksamkeit auf das Unternehmen richten. Ihr wichtigster Zweck ist, Informationen über die Interessen, Vorlieben und Einschätzungen der Kunden zu liefern. So lässt sich ermitteln, welche Eigenschaften oder Leistungen der Apotheke die Kunden überhaupt kennen, welche ihnen besonders wichtig sind und wie gut die Apotheke diese Kundenbedürfnisse erfüllt. Die Gestaltung von Kundenbefragungen ist eine Wissenschaft für sich. Für Apotheken empfiehlt es sich, dazu Hilfe von außen zu nutzen. Auf einen grundlegenden Aspekt jeder Kundenbefragung soll hier aber hingewiesen werden: Es sollte unterschieden werden, ob die Kunden eine bestimmte Eigenschaft oder Leistung der Apotheke einerseits als wichtig betrachten und ob sie diese andererseits in der betreffenden Apotheke als gut erfüllt ansehen. So kann vermieden werden, viel Mühe in ein Angebot zu investieren, das nur wenige interessiert. Zugleich lässt sich erkennen, was den Kunden wirklich wichtig ist, um sich dafür noch mehr einzusetzen. So kann auch eine Befragung helfen, die wichtigste Aufgabe der Apotheke noch besser zu erfüllen: den Nutzen der Kunden zu mehren.

Das Wichtigste in Kürze

- *Das Marketing umfasst die Gesamtheit aller Tätigkeiten in Unternehmen, die zu einer besseren Positionierung und damit zum Erfolg im Wettbewerb beitragen.*
- *Das Marketing ist darauf ausgerichtet, den Nutzen eines Produktes, einer Dienstleistung oder eines Unternehmens für die Kunden zu vermitteln.*
- *Für Apotheken bieten sich insbesondere Marketingkonzepte an, die stark auf die individuellen Bedürfnisse der Kunden eingehen.*
- *Die Corporate Identity eines Unternehmens macht es erkennbar und unterscheidbar. Damit sollen das Unternehmen und seine Alleinstellungsmerkmale möglichst gut wahrgenommen werden.*
- *Das Category Management führt zu einer Warenpräsentation aus dem Blickwinkel der Kunden und ihrer Bedürfnisse.*
- *Pharmazeutisch angemessenes Cross-Selling bietet Kunden zusätzlichen Nutzen und Apotheken zusätzlichen Ertrag.*
- *Die Kundenbindung und die gezielte Pflege von Stammkunden erscheinen wirtschaftlich aussichtsreicher als das wesentlich mühsamere Gewinnen immer wieder neuer Kunden.*

Übungen

Frage 7.1: Welche betriebswirtschaftlichen Folgen werden beim intensiven Einsatz von individuell wirksamen Marketinginstrumenten in Apotheken angestrebt?

a) sinkende Kosten bei gleichbleibenden Preisen
b) gute Kundenbindung und damit Möglichkeiten zu Preiserhöhungen
c) stark erhöhte Kundenzahl und damit erhöhte Gewinne trotz Preissenkungen.

Frage 7.2: Was ist die Grundlage des Category Managements in Apotheken?

a) die Zusammenstellung und Präsentation von Waren aus der Perspektive der Kunden
b) die Präsentation von Waren mit verschiedenen Medien
c) die Zusammenstellung von Warengruppen anhand pharmazeutischer Kriterien.

Frage 7.3: Welche Aussage zur Warenpräsentation trifft zu?

a) Es sollten möglichst viele verschiedene Produkte pro Regalboden in der Sichtwahl präsentiert werden, um eine gute Auswahl zu bieten.
b) Von jedem Arzneimittel sollte immer nur eine Packung in der Sichtwahl präsentiert werden, damit der Bestellpunkt sofort erkannt wird.
c) Die Anzahl verschiedener Produkte pro Regalboden in der Sichtwahl sollte sich als Kompromiss aus Übersichtlichkeit und Auswahl ergeben.

Übungen (Fortsetzung)

Frage 7.4: Was wird im Zusammenhang mit Apotheken als Dachmarke bezeichnet?

a) die einheitliche Gestaltung aller Werbemittel der Apotheke
b) der gemeinsame Marketingauftritt einer Apothekenkooperation
c) der gemeinsame Marketingauftritt einer Apotheke und eines Arzneimittelherstellers.

Frage 7.5: Welche Gefahr droht der Apotheke besonders, wenn eine Preissenkungsstrategie scheitert?

a) verschlechterte Einkaufskonditionen
b) häufigerer Verfall von Produkten wegen größerer Einkaufsmengen
c) schwindender Gewinn durch geringe Verkaufspreise und steigende Kosten.

Frage 7.6: Welcher der folgenden Sätze aus einer Beratung zu einem Arzneimittel gegen Heuschnupfen ist am ehesten aus der Perspektive des Kunden formuliert?

a) „Das Arzneimittel ist ein Antihistaminikum."
b) „Das Arzneimittel blockiert die allergische Reaktion."
c) „Das Arzneimittel blockiert die allergische Reaktion und lindert damit ihren Heuschnupfen und das Brennen in ihren Augen."

Frage 7.7: Ein Patient legt ein Rezept mit einer Verordnung über ein Antibiotikum vor. Im Kundengespräch ergibt sich, dass er eine Entzündung der Nasennebenhöhlen hat. Was könnte ihm im Rahmen des Cross-Sellings zusätzlich angeboten werden?

a) ein Hustenmittel, denn die Infektion könnte sich ausdehnen und der Patient könnte zusätzlich Husten entwickeln
b) ein Inhalator mit einem zur Inhalation geeigneten Arzneimittel
c) nichts, denn alle alternativ einzusetzenden Antibiotika sind verschreibungspflichtig und können daher für die Selbstmedikation nicht angeboten werden.

Lösungen siehe Anhang 2.

8 Ausblick: Wichtige neue Themen für die Apotheke

Die politischen, wirtschaftlichen und rechtlichen Rahmenbedingungen des Gesundheitswesens ändern sich schnell. Die Gründe liegen oft in Sparmaßnahmen, aber auch in gesellschaftlichen Veränderungen. Damit ändert sich auch die Arbeit in den Apotheken. Einige künftige Neuentwicklungen sind schon heute absehbar, weil sie bereits begonnen haben und vieles für ihre zunehmende Bedeutung spricht. Einige für Apotheken besonders wichtige Trends werden in diesem Kapitel vorgestellt.

8.1 Qualitätsmanagement

Eine zukunftsweisende Entwicklung in Apotheken ist die Einführung von **Qualitätsmanagementsystemen (QMS)**. Kritiker halten dem entgegen, dass in Apotheken schon immer auf Qualität geachtet wurde, lange bevor es solche Systeme gab. So sind Arzneibücher, wie sie seit Jahrhunderten genutzt werden, geradezu klassische Instrumente zur Sicherung der Produktqualität. Der Aufbau eines QMS zielt aber nicht nur auf ein einzelnes solches Instrument, sondern auf die Verknüpfung vieler qualitätssichernder Maßnahmen zu einem System. Dabei kann es neben der pharmazeutischen Qualität auch um den wirtschaftlichen Erfolg und die betriebliche Organisation der Apotheke gehen, weshalb das Thema Qualitätsmanagement auch betriebswirtschaftliche Aspekte hat.

Qualität ist als das Erfüllen von Anforderungen definiert. An Apotheken können solche Anforderungen von verschiedenen Seiten gestellt werden. Kunden und Patienten sind an einwandfreien Arzneimitteln und der zugehörigen Beratung interessiert, Krankenkassen erwarten eine umfassende Versorgung der Versicherten zu günstigen Preisen, der Staat fordert die Einhaltung der gesetzlichen Rahmenbedingungen, das Apothekenpersonal wünscht sich sichere Arbeitsplätze, angemessene Gehälter und eine gute Arbeitsatmosphäre und der Apothekenleiter muss von der Apotheke die nötigen Einnahmen erwarten können, um all dies zu bezahlen und darüber hinaus seine Arbeit und sein unternehmerisches Risiko honoriert zu bekommen. Je klarer diese Anforderungen formuliert sind – vorzugsweise sogar in Zahlenwerten – umso besser kann ihr Erreichen überprüft werden.

Ständige Qualitätsverbesserung

Um diese Anforderungen nicht nur in Einzelfällen, sondern immer und zudem nachweisbar zu erfüllen, werden die qualitätsrelevanten Arbeitsabläufe bei der Erstellung eines QMS schriftlich festgehalten. Dabei geht die Erfahrung des ganzen Teams in die Gestaltung der Arbeitsabläufe ein und alle profitieren von den Erfahrungen aller. Die grundlegenden Vorgänge in einem Unternehmen beziehungsweise in einer Apotheke werden in der Sprache des Qualitätsmanagements als **Prozesse** bezeichnet. Detailregelungen über einzelne Arbeitsabläufe werden standard operating procedures (engl. Standardarbeitsanweisungen), **Arbeitsanweisungen** oder Prozessinstruktionen genannt. So entsteht ein **Qualitätsmanagementhandbuch**, das später an neue Anforderungen und Erfahrungen angepasst werden kann und daher ständig verändert wird. Gegen das Qualitätsmanagement wird oft eingewendet, es lasse keinen Spielraum für Sonderfälle und enge die Kreativität ein. Diese Kritik beruht auf falschen Vorstellungen über das Qualitätsmanagement. Denn ein Qualitätsmanagementhandbuch ist kein Gesetz, sondern eine Regelung für den Normalfall. In Sonderfällen sind begründete Ausnahmen durchaus gewünscht. Diese sollen jedoch wohl bedacht sein und die Anforderungen an die Apotheke berücksichtigen. Das QMS soll hingegen verhindern, dass aus Unkenntnis oder Unachtsamkeit von bewährten Vorgehensweisen abgewichen wird. Das schriftliche Festhalten der bewährten Vorgehensweisen ist sehr hilfreich für die Zusammenarbeit in der Apotheke, insbesondere bei großen Teams und vielen Teilzeitbeschäftigten. Es verbessert die innerbetriebliche Kommunikation und verhindert Missverständnisse. Doch bilden solche schriftlichen Regelungen allein noch kein QMS, sondern nur eine Voraussetzung dafür.

Darüber hinaus soll ein Kreislauf aufgebaut werden, der mit der Formulierung von Anforderungen beginnt. Dann werden Maßnahmen zur Umsetzung geplant und durchgeführt, anschließend werden die Erfolge überprüft. Wenn die Ergebnisse dieser Überprüfung bei künftigen Zielsetzungen und der Planung neuer Maßnahmen berücksichtigt werden, ist der Kreis geschlossen und das System arbeitet. Der Kreislauf beginnt dann erneut und endet nie, solange das System genutzt wird. Diese für alle QMS-Konzepte wesentliche Vorgehensweise wird **PDCA-Zyklus** genannt. Dieser Kreislauf ist in der Abbildung 8.1 dargestellt. Die vier Buchstaben P, D, C und A stehen als Abkürzungen für plan, do, check und act (engl.), wobei hier die Bedeutungen planen, ausführen, prüfen und verbessern gemeint sind. Entscheidend ist dabei, diese vier Handlungen nicht nur einmalig, sondern immer wieder auszuführen. Nach jeder Verbesserung gilt es immer wieder aufmerksam für neue Anforderungen an das System und noch bessere Lösungen zu sein. So führt das QMS zu einem Kreislauf ständiger Verbesserungen. Darum ist Qualitätsmanagement auch mehr als Qualitätssicherung bezüglich einer einzelnen Anforderung – allerdings werden die beiden Begriffe fälschlicherweise manchmal gleichgesetzt. So stellt das Erfüllen von Anforderungen der Apothekenbetriebsordnung oder des Arzneibuchs Qualitätssicherung, aber noch kein Qualitätsmanagement dar.

Aus diesen Zusammenhängen ergibt sich, dass ein QMS nicht einfach irgendeine zusätzliche Aufgabe für die Apotheke ist, sondern ein zentraler Teil jeder Arbeit in der Apotheke, der jede einzelne Tätigkeit beeinflusst. Anders als irgendeine neue Dienstleistung, die vielleicht nur von einigen Teammitgliedern ausgeführt wird, betrifft ein QMS zwangsläufig alle Mitglieder des Apothekenteams.

Abb. 8.1: Die praktische Arbeit mit einem Qualitätsmanagementsystem bildet einen nicht endenden Kreislauf aus Planen, Ausführen, Prüfen und Verbessern. Dies wird als PDCA-Zyklus bezeichnet. Mod. nach Süverkrüp, Müller-Bohn, Liebelt. Qualitätsmanagement in der Apotheke

Da ein QMS alle Aufgaben in der Apotheke berührt, hängt dieses Thema sowohl mit den pharmazeutischen als auch mit den organisatorischen und kaufmännischen Tätigkeiten zusammen. Besonders hilfreich ist ein QMS im Zusammenhang mit der Betrachtung betriebswirtschaftlicher Kennzahlen (siehe Kap. 6.4). Solche Kennzahlen erfüllen letztlich erst dann ihren Zweck, wenn sie genutzt werden, um Zielvorgaben zu machen, die anschließend anhand der Kennzahlen überprüft werden können. An geeigneten Kennzahlen kann dann das ganze Apothekenteam erkennen, ob die eigene Arbeit die vereinbarten Anforderungen erfüllt. Dies entspricht der Idee des PDCA-Zyklus.

Qualifizierung und Zertifizierung

In einem QMS werden die verschiedenen qualitätssichernden Maßnahmen zu einem System verbunden. Damit wird es möglich, einen PDCA-Zyklus in Gang zu setzen und dauerhaft in Gang zu halten. Das bereits erwähnte Qualitätsmanagementhandbuch ist dafür ein wichtiges Hilfsmittel. Dort werden die wichtigsten Arbeitsabläufe in der Apotheke schriftlich festgehalten. Dies schafft eine gemeinsame Grundlage für das ganze Apothekenteam, diese Abläufe ständig weiterzuentwickeln und zu verbessern. Das Handbuch führt also nicht zu unveränderlichen Regelungen, sondern im Gegenteil: Es soll die gemeinsame Weiterentwicklung für alle Teammitglieder ermöglichen.

Die Erstellung eines QMS wird als Qualifizierung bezeichnet. Wenn ein Qualitätsmanagementhandbuch erstellt wurde, das die wesentlichen qualitätsorientierten Vorgänge in der Apotheke beschreibt, kann dies zur Zertifizierung bei einer Zertifizierungsstelle eingereicht werden. Die Apothekerkammern in den verschiedenen Bundesländern erteilen solche Zertifikate auf der Grundlage der Heilberufegesetze und ihrer diesbezüglichen Satzungen (siehe Abb. 8.2). Darüber hinaus gibt es zahlreiche privatwirtschaftlich tätige Zertifizierer, die teilweise auch Apotheken zertifizieren. Ein QMS-Zertifikat bescheinigt, dass das QMS in der jeweiligen Apotheke bestimmten Anforderungen genügt. Es macht damit nach außen deutlich, dass die Apotheke ein QMS nach bestimmten, allgemein anerkannten Regeln benutzt. Damit soll ein Zertifikat auch Vertrauen bei Kunden und Krankenkassen schaffen. Die Apothekerkammern haben jeweils detaillierte Anforderungskataloge, nach denen insbesondere viele pharmazeutische Tätigkeiten in der Apotheke in dem Handbuch beschrieben werden müssen.

Abb. 8.2: Wenn eine Apothekerkammer das Qualitätsmanagementsystem einer Apotheke zertifiziert hat, darf dort das Logo des bundesweiten apothekenspezifischen QMS mit dem Hinweis auf die jeweils zertifizierende Kammer angebracht werden. So erfahren auch die Kunden, dass die Apotheke nach diesen Regeln zertifiziert wurde. Quelle: Apothekerkammer Hamburg

Tipp für die Praxis

Eine ausführliche und sehr gute Orientierung für die praktische Umsetzung des Qualitätsmanagements in der Apotheke bieten die „Leitlinien zur Qualitätssicherung", die von der Bundesapothekerkammer erstellt und im Internet auf der Seite www.abda.de veröffentlicht werden. Diese ausführlichen Hinweise zu den pharmazeutischen Inhalten schließen jedoch nicht aus, darüber hinaus weitere kaufmännische Tätigkeiten ausführlich darzulegen.

Verträge für die Apotheke

Darüber hinaus kann das Qualitätsmanagement in Apotheken künftig auch in einem anderen Zusammenhang sehr große Bedeutung erlangen. So verfolgt die Gesundheitspolitik bereits seit Jahren zunehmend den Weg, die Details der Versorgung der Versicherten vertraglichen Regelungen zu überlassen. Staatliche Vorgaben werden durch Verträge zwischen den Krankenkassen und den Leistungsanbietern wie Ärzten, Krankenhäusern und Apotheken ersetzt. Verständlicherweise möchten die Krankenkassen überprüfen, ob ihre Anforderungen von den Vertragspartnern erfüllt werden – also ob die vereinbarte Qualität geboten wird. Hier kann das Qualitätsmanagement helfen, denn es sichert einerseits nachvollziehbare Arbeitsabläufe und ermöglicht andererseits die Messung vereinbarter Erfolgsgrößen. Durch eine Zertifizierung des QMS wird bescheinigt, dass das System festgelegte Anforderungen erfüllt. Damit erübrigt es sich für die Krankenkassen oder andere Vertragspartner, die Arbeitsabläufe in der Apotheke zu hinterfragen.

Dieses Prinzip ist bereits an den **Hausapothekenverträgen** erkennbar. Solche Verträge gehen weit über die mit der GKV beziehungsweise den einzelnen Krankenversicherungen bestehenden Arzneilieferverträge hinaus. In Arzneilieferverträgen wird die Abgabe von Arzneimitteln an die Versicherten und die Bezahlung durch die Krankenversicherungen mit den Nebenbedingungen zur Abrechnung, zu Zahlungsfristen und zum Verhalten bei Unklarheiten geregelt. Dagegen geht es in den Hausapothekenverträgen um Versicherte, die freiwillig eine bestimmte Apotheke als ihre Hausapotheke wählen, dort ihre persönliche Medikation abspeichern und überprüfen lassen und weitere Sonderleistungen erhalten können. Dieses Angebot ist aus wirtschaftlicher Sicht sowohl für die Krankenversicherung als auch für die Apotheke eine Kundenbindungsmaßnahme, aus pharmazeutischer Sicht kann sie die Versorgung verbessern, weil Probleme bei der Arzneimittelanwendung besser und schneller zu erkennen sind. Hier greifen Marketing und heilberufliches Bemühen um das Wohl der Patienten ineinander (siehe Kap. 7.5).

In vielen anderen Bereichen des Gesundheitswesens ist die Arbeit mit einem QMS bereits vorgeschrieben, allerdings nicht immer auch eine förmliche Zertifizierung des Systems. Eine solche Verpflichtung wird möglicherweise auch auf Apotheken zukommen, sei es durch Gesetze, durch Verträge mit Krankenkassen oder durch eigene Regelungen der Selbstverwaltung. Die Bundesapothekerkammer hat im Sommer 2008 ein gemeinsames QMS beschlossen, dem sich alle Apothekerkammern der Länder anschließen können. Dabei bleibt die Zertifizierung Aufgabe der Länderkammern, aber es gelten gemeinsame Mindestanforderungen einer bundeseinheitlichen Mustersatzung. Dies ermöglicht eine bundesweite Öffentlichkeitsarbeit für das QMS der Apotheken.

8.2 Sparmaßnahmen im Gesundheitswesen

In der GKV werden seit Jahrzehnten knappe Finanzmittel beklagt. Die wesentlichen Ursachen dafür sind:

- Steigende Ausgaben: Der medizinische Fortschritt führt zu immer wieder neuen Behandlungsverfahren und Arzneimitteln, die meistens teurer als alte Methoden sind.
- Nicht immer ausreichende Einnahmen: Da die Einnahmen der GKV an die Löhne und Gehälter gekoppelt sind, wirkt sich hohe Arbeitslosigkeit besonders ungünstig auf die Finanzlage der GKV aus.
- Versicherungsfremde Leistungen: Die GKV finanziert nicht nur die Behandlung von Krankheiten, sondern auch weitere Sozialleistungen, beispielsweise für den Mutterschutz. Außerdem sind nicht berufstätige Familienangehörige beitragsfrei mitversichert. Obwohl dies allgemeine Sozialleistungen sind, werden sie nicht von der Gesamtgesellschaft aus Steuermitteln, sondern aus den Beiträgen der Mitglieder finanziert.

Vor diesem Hintergrund verwundert es nicht, dass seit Jahrzehnten versucht wird, durch immer wieder neue Gesundheitsreformen den Anstieg der Ausgaben der GKV zu bremsen. Diese Maßnahmen haben oft besonders stark auf die Arzneimittelversorgung gezielt und damit auch die Einnahmesituation der Apotheken im Verlauf von Jahrzehnten erheblich beeinträchtigt. Durch die Einführung der neuen Arzneimittelpreisverordnung von 2004 wurden die Rohgewinne der Apotheken praktisch von den Preisen der verordneten Arzneimittel abgekoppelt. Damit haben sich die Anreize für die Politik verringert, Einsparungen bei Apotheken vorzunehmen. Die Höhe des Krankenkassenabschlages (siehe Kap. 5.1) bietet allerdings weiterhin einen Ansatzpunkt für Einsparungen bei Apotheken.

Die Bemühungen um Einsparungen bei Arzneimitteln zielen mittlerweile hauptsächlich auf die Arzneimittelpreise, ohne dabei die Ertragslage der Apotheken direkt zu berühren. Dabei richteten sich die meisten Maßnahmen zunächst auf die nicht mehr patentgeschützten Arzneimittel, also Generika und nicht mehr patentgeschützte Originalpräparate. Ein typisches Instrument in diesem Bereich sind die 2007 eingeführten **Rabattverträge** zwischen pharmazeutischen Herstellerunternehmen und Krankenkassen (siehe Kap. 5.1). Dabei werden Rabatte vereinbart, die die Hersteller an Krankenkassen gewähren, wenn bestimmte Arzneimittel abgegeben werden. Sofern der Arzt dem Austausch wirkstoffgleicher Produkte nicht widerspricht, ist die Apotheke in solchen Fällen verpflichtet, Arzneimittel abzugeben, für die ein Rabattvertrag besteht. Allerdings haben verschiedene Krankenkassen mit verschiedenen Herstellern jeweils Rabattverträge über verschiedene Wirkstoffe abgeschlossen. Dadurch belasten die Rabattverträge die Apotheken indirekt erheblich. Denn die Lagerhaltung muss erheblich ausgedehnt werden, um für Patienten unterschiedlicher Krankenkassen lieferfähig zu sein. Außerdem ist es mühsam und zeitraubend, den Patienten zu erläutern, warum sie andere als die gewohnten Präparate erhalten.

Angesichts vieler juristischer und praktischer Probleme mit den Rabattverträgen wird dies nicht das letzte Instrument zur Begrenzung der GKV-Ausgaben für Arzneimittel sein. Zudem ist absehbar, dass sich künftige Sparmaßnahmen vermehrt auf patentgeschützte Arzneimittel richten werden. Denn die Preise für Generika sind vielfach so niedrig, dass kaum noch eine Möglichkeit für weitere Preissenkungen besteht. Außerdem gibt die GKV viel mehr Geld für patentgeschützte Arzneimittel als für Generika aus, obwohl gemessen an der Zahl der Packungen weitaus mehr Generika als patentgeschützte Arzneimittel abgegeben werden.

8.3 Pharmakoökonomie

Die Pharmakoökonomie beschäftigt sich mit der wirtschaftlichen Bewertung von Arzneimitteln. Der Begriff „Pharmakoökonomie“ darf keinesfalls mit der Anwendung der Betriebswirtschaftslehre auf Apotheken, die Pharmaindustrie oder die Krankenversicherungen verwechselt werden – so ist dies auch kein Buch über Pharmakoökonomie. Die Pharmakoökonomie ist kein Teil der Betriebswirtschaftslehre, sondern eine relativ eigenständiges wirtschaftswissenschaftliches Teilgebiet, das die Folgen der Anwendung von Arzneimitteln mit wirtschaftlichen Methoden bewertet und vergleicht. Dabei werden die Kosten der Therapie mit unterschiedlichen Arzneimitteln den Erfolgen dieser Behandlungen gegenübergestellt. Unterschiedliche Verfahren der Pharmakoökonomie nutzen verschiedene Größen, um den Therapieerfolg zu messen. Je nach Zielsetzung der Untersuchung können dies vermiedene Krankheitstage, gewonnene Lebenszeit, medizinische Messwerte oder zusammengesetzte Zielgrößen sein, die auch die Lebensqualität der Patienten berücksichtigen. Zur Pharmakoökonomie gehört damit auch die Frage, wie der **Nutzen** einer Arzneitherapie zu definieren ist. Die Beantwortung dieser Frage ist eine Voraussetzung, um überhaupt mit ökonomischen Betrachtungen beginnen zu können. Dabei gewinnt der von den Patienten selbst empfundene Nutzen der Behandlung immer mehr an Bedeutung für pharmakoökonomische Bewertungen.

Die Feststellung, welches das billigste Generikum eines Wirkstoffs ist, erfolgt durch einen banalen Preisvergleich – das ist aber keine Pharmakoökonomie. Nicht allein die Betrachtung der Behandlungskosten, sondern erst der Vergleich der Daten über Nutzen oder Behandlungserfolge mit den Behandlungskosten ermöglicht eine sinnvolle ökonomische Bewertung. Daher wird dies auch als **Kosten-Nutzen-Bewertung** von Arzneimitteln bezeichnet. Das Ziel der Betrachtungen ist letztlich, dass auch die Arzneimittelversorgung dem ökonomischen Prinzip (siehe Kap. 4.1) folgen sollte.

Doch die Methoden der Pharmakoökonomie sind teilweise noch nicht ausgereift und der Nachweis einer ökonomisch sinnvollen Arzneimittelauswahl ist damit vielfach nur sehr schwer zu führen. Ein international weit verbreitetes Konzept der Pharmakoökonomie ist die Bewertung von Arzneimitteln und anderen therapeutischen Maßnahmen mithilfe von qualitätsbereinigten Lebensjahren (quality adjusted life years, QALYs). Mit solchen QALYs kann die Lebensdauer und die Lebensqualität in einer zusammengesetzten Größe angegeben werden. Ein **QALY** entspricht einem Lebensjahr bei uneingeschränkter **gesundheitsbezogener Lebensqualität**. Dieses Konzept setzt zwangsläufig voraus, dass Beeinträchtigungen der Lebensqualität bei unterschiedlichen Krankheiten miteinander vergleichbar sind und irgendwelche Austauschbeziehungen ermittelt werden können. Ob dies realistisch ist, wird kontrovers diskutiert. Solange aber umstritten ist, wie überhaupt der Nutzen einer Arzneitherapie zu messen ist, kann dieser Nutzen nur schwer den Kosten der Behandlung gegenübergestellt werden. Dementsprechend problematisch sind alle Schlussfolgerungen, über die angebliche Wirtschaftlichkeit oder Unwirtschaftlichkeit einer Therapie.

Dennoch wird die Knappheit der finanziellen Mittel im Gesundheitswesen dazu führen, dass die Ergebnisse pharmakoökonomischer Studien zunehmend darüber mitbestimmen, welche Arzneimittel in Apotheken zu Lasten der GKV abgegeben werden dürfen und wie viel diese kosten dürfen. In vielen Ländern werden pharmakoökonomische Untersuchungen bereits für Entscheidungen herangezogen, ob ein Arzneimittel von den dortigen Krankenversicherungen oder ähnlichen Institutionen erstattet werden soll oder welcher Preis dafür angemessen ist. Dies wird oft als **„vierte Hürde“** für Arzneimittel bezeichnet. Die drei ersten Hürden im Sinne dieser Betrachtung sind die Kriterien der arzneimittelrechtlichen Zulassung: die pharmazeutische Qualität, die Wirksamkeit und die Unbedenklichkeit. Jedes Arzneimittel muss diese Bedingungen erfüllen, um zugelassen zu werden. Nur dann ist es „verkehrsfähig“, wie es im Arzneimittelrecht heißt. Die vierte Hürde wäre die Wirtschaftlichkeit oder das Kosten-Nutzen-Verhältnis. Bei dieser Hürde geht es nicht um die Verkehrsfähigkeit, sondern ausschließlich um die **Erstattungsfähigkeit** zu Lasten der GKV oder vergleichbarer sozialer Sicherungssysteme in anderen Ländern. Daher ist es international üblich, dass unterschiedliche Institutionen über die Zulassung und über die Erstattungsfähigkeit entscheiden.

In Deutschland sind die nichtverschreibungspflichtigen Arzneimittel – von Ausnahmen abgesehen – aufgrund sozialrechtlicher Vorschriften nicht erstattungsfähig. Darüber hinaus entscheidet insbesondere der **Gemeinsame Bundesausschuss (G-BA)** über die Erstattungsfähigkeit. Der G-BA ist das höchste Gremium der gemeinsamen Selbstverwaltung von Ärzten und gesetzlichen

Krankenkassen und hat zahlreiche Aufgaben. Beispielsweise kann er in den so genannten **Arzneimittelrichtlinien** festlegen, dass bestimmte Arzneimittel nicht oder nur unter besonderen Bedingungen von der GKV bezahlt werden dürfen. Darüber hinaus entscheidet der G-BA über die **Ausnahmeliste** mit nichtverschreibungspflichtigen Arzneimitteln, die von der GKV bezahlt werden dürfen. Außerdem kann der G-BA **Höchstbeträge** für die Erstattung patentgeschützter Arzneimittel durch die GKV festlegen. Dabei kann er sich auf Kosten-Nutzen-Bewertungen des **Instituts für Qualität und Wirtschaftlichkeit im Gesundheitswesen (IQWiG)** stützen. Dieses 2004 gegründete Institut bewertet den Nutzen von Arzneimitteln unabhängig von ihrer Zulassung, ab 2009 soll die Kosten-Nutzen-Bewertung als weitere Aufgabe hinzukommen. Mit den Kosten-Nutzen-Bewertungen und den darauf gestützten Höchstbeträgen steht ein Instrument zur Verfügung, um die GKV-Ausgaben für patentgestützte Arzneimittel zu beeinflussen. Angesichts der weitgehend ausgereizten Möglichkeiten bei Generika (siehe Kap. 8.2) dürfte dies große Bedeutung erlangen.

8.4 Integrierte Versorgung

Eine weitere wichtige gesundheitspolitische Entwicklung ist im Zusammenhang mit der „integrierten Versorgung" zu erwarten. Diese könnte den Apothekenalltag schon in wenigen Jahren wesentlich verändern. Die integrierte Versorgung soll eine neue dritte Versorgungsform neben der **stationären Versorgung** – also der Behandlung im Krankenhaus – und der **ambulanten Versorgung** – also der Behandlung außerhalb des Krankenhauses – werden. Diese beiden Bereiche sind bisher im deutschen Gesundheitswesen scharf voneinander getrennt. In öffentlichen Apotheken, die auch Krankenhäuser mit Arzneimitteln versorgen, wird dies besonders deutlich. Hier lagern Arzneimittel für die unterschiedlichen Versorgungssysteme getrennt voneinander, weil die Preisbildung in beiden Systemen unterschiedlich geregelt ist. Ein anderes Beispiel für die Trennung der ambulanten und stationären Versorgung ist in allen Apotheken zu erleben. Wenn Patienten aus dem Krankenhaus entlassen werden, mangelt es häufig an Informationen über die künftig anzuwendenden Arzneimittel, weil es keine allgemein gültigen Regeln für den Übergang der Patienten zwischen den beiden Versorgungsbereichen gibt. Solche Probleme sollen durch so genannte neue Versorgungsformen wie die integrierte Versorgung gelöst werden, die ambulante und stationäre Leistungsanbieter vernetzen.

Bisher bestehen vielfältige Projekte im Rahmen der integrierten Versorgung, es ist aber noch nicht zu erkennen, welche Gestaltung sich durchsetzen wird.

Daher sind die Folgen noch nicht absehbar. Die weitere Entwicklung wird erheblich von den rechtlichen und politischen Rahmenbedingungen abhängen. Daher soll hier nicht auf einzelne Projekte eingegangen werden, sondern nur auf zwei grundlegende wirtschaftliche Aspekte, die in vielen Ansätzen der integrierten Versorgung enthalten sind und die zugleich zu großen Gefahren für die Patienten und für die Leistungsanbieter, also auch für die Apotheken werden könnten: die Einführung von **Pauschalhonoraren** und das **selektive Kontrahieren**. Hinter diesen beiden Begriffen steht der Gedanke, die Leistungsanbieter in Netzen zusammenzufassen. So könnten z. B. einige Ärzte und Apotheken und ein Krankenhaus in einem Stadtteil einer Großstadt ein solches Netz bilden. Andere Ärzte, Apotheken und Krankenhäuser könnten in einem anderen Netz zusammengeschlossen sein. Dann könnten sich einzelne Krankenkassen jeweils ein Netz auswählen, mit dem sie zusammenarbeiten und von dem sie ihre Patienten versorgen lassen. Dies wird als selektives Kontrahieren (lat. *selectio* = Auswahl; lat. *contrahere* = zusammenziehen, hier im Sinne von: einen Vertrag abschließen) bezeichnet, weil die Krankenkassen dabei keinen Vertrag mit allen Leistungsanbietern schließen, sondern nur mit dem jeweils ausgewählten Netz. Die Patienten verlieren dann das Recht zur freien Wahl des Arztes und der Apotheke, wenn sie sich für diese Versorgungsform entscheiden. Um die Patienten dennoch für eine solche Versorgung zu gewinnen, können ihnen besondere Leistungen oder verminderte Zuzahlungen geboten werden. Bei einer solchen Vertragskonstruktion besteht jedoch die Gefahr, dass die Netzbeteiligten langfristig gegenüber der Krankenkasse in eine ungünstige Verhandlungsposition geraten und die Krankenkasse bei späteren Verhandlungen durch ihre Marktmacht die Vertragsbedingungen bestimmen kann. Ein weiteres Problem droht, wenn das Netz über ein Pauschalhonorar bezahlt wird, also einen festen Betrag pro Patient. Solche Honorierungsformen sollen für die Leistungserbringer Anreize schaffen, gute Leistungen zu erbringen und Behandlungskomplikationen zu vermeiden. Damit müssten aber letztlich die Leistungserbringer das Risiko tragen, dass ihre Patienten überdurchschnittlich krank sein könnten – und nicht mehr die Versicherungen, die ursprünglich geschaffen wurden, um für einen wirtschaftlichen Ausgleich zwischen Kranken und Gesunden zu sorgen. Die integrierte Versorgung birgt damit viele Chancen für eine bessere Versorgung der Patienten, aber auch viele Gefahren für das Gesundheitssystem. Da sie als Sammelbegriff für eine Vielzahl von Projekten steht, wird künftig in jedem Einzelfall zu bewerten sein, ob die Vor- oder die Nachteile überwiegen.

8.5 Ausschreibungen

Das selektive Kontrahieren, wie es bei einigen Formen der integrierten Versorgung vorgesehen ist (siehe Kap. 8.4), kann auch ohne eine ganz neue Versorgungsform umgesetzt werden. Dies findet bereits seit 2008 bei Ausschreibungen für Hilfsmittel statt. Aufgrund sozialrechtlicher Vorschriften sollen gesetzliche Krankenversicherungen Hilfsmittel möglichst ausschreiben. Dies bedeutet, dass die gesamte Versorgung für die Patienten mit einer bestimmten Hilfsmittelart in einem definierten Versorgungsgebiet nur noch von einem Anbieter durchgeführt wird. Die Versorgungsgebiete werden als „**Lose**" bezeichnet. Die Krankenkasse fordert öffentlich zur Abgabe von Angeboten auf und wählt für jedes Los den günstigsten Anbieter aus. Einige Krankenversicherungen haben bereits 2008 solche Ausschreibungen für Inkontinenzprodukte durchgeführt. Die Versorgungsgebiete umfassen dabei teilweise mehrere Bundesländer und sind daher in der Praxis zu groß, um von einer typischen Apotheke versorgt zu werden. Nach Vergabe eines Loses dürfen aber andere Anbieter die betreffenden Produkte nicht mehr zu Lasten der betreffenden Krankenkasse liefern, außer in eng begrenzten eilbedürftigen Situationen – dies ist die wesentliche Eigenschaft des selektiven Kontrahierens. Daher können die Apotheken ihre Patienten nicht mehr mit den ausgeschriebenen Produkten versorgen. Es wird abzuwarten sein, wie viele Krankenkassen solche Ausschreibungen für wie viele Arten von Hilfsmitteln künftig durchführen werden.

Das Wichtigste in Kürze

» *Das Qualitätsmanagement sorgt für sichere und nachvollziehbare Arbeitsabläufe. Damit wird die Erfüllung zuvor festgelegter Anforderungen an die Arbeit der Apotheken gesichert.*

» *Qualitätsmanagementsysteme verknüpfen die Anforderungen an verschiedene Teilaspekte der Apothekenarbeit und schaffen Strukturen für die fortlaufende Verbesserung der pharmazeutischen und wirtschaftlichen Ergebnisse.*

» *Angesichts der stark zunehmenden Ausgaben für patentgeschützte Arzneimittel werden sich künftige Sparmaßnahmen im Gesundheitswesen verstärkt auf diese Produkte richten.*

» *Die Pharmakoökonomie bietet Instrumente, mit denen die Kosten von Arzneimitteln und der therapeutische Erfolg verglichen werden können. Auf der Grundlage solcher Kosten-Nutzen-Bewertungen sollen Erstattungshöchstbeträge für neue Arzneimittel festgesetzt werden.*

» *Die integrierte Versorgung ist eine neue Versorgungsform neben der ambulanten und der stationären Versorgung. Je nach Ausgestaltung kann sie künftig erheblichen Einfluss auf die Arbeit in den Apotheken gewinnen.*

Übungen

Frage 8.1: Welche Aussage über die Anwendung von Qualitätsmanagementsystemen in Apotheken trifft zu?

a) Qualitätsmanagementsysteme betreffen nur die wirtschaftlichen Aspekte des Apothekenbetriebs.
b) Qualitätsmanagementsysteme werden einmalig festgelegt und danach nur geändert, wenn dies aufgrund gesetzlicher Anforderungen notwendig ist.
c) Qualitätsmanagementsysteme betreffen die gesamte Tätigkeit in Apotheken.

Frage 8.2: Welche Bedeutung hat die ständige Qualitätsverbesserung im Rahmen von Qualitätsmanagementsystemen?

a) Der Kreislauf ständiger Qualitätsverbesserungen ist ein wesentlicher Bestandteil jedes Qualitätsmanagementsystems.
b) Maßnahmen zur ständigen Qualitätsverbesserung sind ein Kennzeichen besonders anspruchsvoller Qualitätsmanagementsysteme.
c) Ständige Qualitätsverbesserung ist gleichbedeutend mit Qualitätssicherung.

Frage 8.3: Welche Aspekte des Nutzens werden in der Pharmakoökonomie betrachtet?

a) nur der wirtschaftliche Nutzen
b) wirtschaftlicher und einfach messbarer medizinischer Nutzen
c) möglichst viele Nutzenaspekte, darunter auch die Lebensqualität der Patienten.

Frage 8.4: Wie werden pharmakoökonomische Untersuchungen durchgeführt?

a) Pharmakoökonomische Untersuchungen ermitteln die geringsten Kosten für eine Behandlung.
b) Pharmakoökonomische Untersuchungen vergleichen Kosten und Ergebnisse verschiedener Behandlungsmöglichkeiten.
c) Pharmakoökonomische Untersuchungen forschen nach den besten Therapieergebnissen.

Frage 8.5: Welche Aspekte der Versorgung sollen bei der der „integrierten Versorgung" bevorzugt miteinander verbunden werden?

a) die stationäre und die ambulante Versorgung
b) die Versorgung in städtischen und ländlichen Regionen
c) die Versorgung von privat und gesetzlich Versicherten.

Lösungen siehe Anhang 2.

Literaturverzeichnis

Apothekenvorschriften, Deutscher Apotheker Verlag, Stuttgart 2007

Berger R (Hrsg). PKA 24. Deutscher Apotheker Verlag, Stuttgart 2008

Bundesvereinigung Deutscher Apothekerverbände (ABDA). Die Apotheke, Zahlen, Daten, Fakten, 2006. ABDA, Berlin 2007

Gabler Wirtschaftslexikon. 16. Aufl., Gabler, Wiesbaden 2005

Herzog R. CheckAp Kennzahlen in der Apotheke. 2. Aufl., Deutscher Apotheker Verlag, Stuttgart 2008

Hüsgen U. Apothekenkennzahlen zur Analyse von Erfolgsfaktoren. Interpharm, Hamburg 2007

Kaapke A, Preißner M, Heckmann S. Die öffentliche Apotheke – ihre Funktion, ihre Bedeutung. Deutscher Apotheker Verlag, Stuttgart 2007

Kistner KP. Produktions- und Kostentheorie. Physica-Verlag, Würzburg und Wien 1981

Kotler P, Keller KL, Bliemel F. Marketing-Management. 12. Aufl., Pearson Studium, München 2007

Lennecke K. Zusatzempfehlung – Zusatzverkauf. 2. Aufl., Deutscher Apotheker Verlag, Stuttgart 2008

Lennecke K. Das Kundengespräch in Apotheken. 3. Aufl., Deutscher Apotheker Verlag, Stuttgart 2008

Müller-Bohn T. Wirtschaftlichkeit der Eigenherstellung von Arzneimitteln in öffentlichen Apotheken. Deutscher Apotheker Verlag, Stuttgart 2005

Müller-Bohn T, Ulrich V. Pharmakoökonomie. Wissenschaftliche Verlagsgesellschaft, Stuttgart 2000

Neudecker K. Apotheken-Marketing. Deutscher Apotheker Verlag, Stuttgart 2001

Ott R. Marketing für Apotheker. 2. Aufl., Deutscher Apotheker Verlag, Stuttgart 2008

Rall B. Herstellerbezugsausgleich, Leistungsbeitrag und Co. Dtsch Apoth Ztg 148: 2577, 2008

Stiftel U. Möglichkeiten zur Analyse und Optimierung des Rohertrages. Wirtschaftsseminar des Apothekerverbandes Mecklenburg-Vorpommern, Rostock, 2007

Strobel B. Wachstumsstrategien für Apotheken. Interpharm, Hamburg, 2007

Strobel B. Wachstumsstrategien für Apotheken. Deutscher Apotheker Verlag, Stuttgart 2007

Süverkrüp R, Müller-Bohn T, Liebelt J (Hrsg). Qualitätsmanagement in der Apotheke. 3. Aufl., Deutscher Apotheker Verlag, Stuttgart 2007

Wöhe G, Döring U. Einführung in die Allgemeine Betriebswirtschaftslehre. 23. Aufl., Vahlen, München 2008

Anhang 1

Lösungen zu den Beispielrechnungen

Lösung zu Beispiel 4.1:

Zinsen nach dem 1. Jahr: $\frac{60.000\ € \cdot 6\%}{100\%} = 3.600\ €$

Zinsen nach dem 2. Jahr: $\frac{40.000\ € \cdot 6\%}{100\%} = 2.400\ €$

Zinsen nach dem 3. Jahr: $\frac{20.000\ € \cdot 6\%}{100\%} = 1.200\ €$

Damit sind insgesamt 7.200 € Zinsen zu zahlen.

Lösung zu Beispiel 4.2:

Mit Anwendung der dargestellten Formeln kann die Frage so beantwortet werden: Die Anlage von 30.000 € als Festgeld bietet pro Jahr Zinsen in folgender Höhe:

$\frac{30.000\ € \cdot 4\%}{100\%} = 1.200\ €.$

Der Kontokorrentkredit ist demnach nur vorteilhaft, wenn folgende Bedingung gilt:

$\frac{30.000\ € \cdot 12\% \cdot x}{100\% \cdot 360\ \text{Tage}} \leq 1.200\ €$

Dabei ist x die gesuchte Zahl der Tage. Auflösen der Formel ergibt x ≤120 Tage.
Das Ergebnis kann jedoch einfacher durch Vergleich der Zinssätze ermittelt werden: Da der Kontokorrentkredit den dreifachen Zinssatz des Festgeldkontos hat, darf er bei gleichem Betrag höchstens für ein Drittel der Anlagedauer des Festgeldkontos in Anspruch genommen werden, damit sich die Vorgehensweise lohnt.

Lösung zu Beispiel 4.3:

Liquidität 1. Grades: $\frac{15.000\ € \cdot 100\%}{(40.000\ € + 20.000\ €)} = 25\%$

Liquidität 2. Grades: $\frac{(15.000\ € + 45.000\ €) \cdot 100\%}{(40.000\ € + 20.000\ €)} = 100\%$

Liquidität 3. Grades: $\frac{(15.000\ € + 45.000\ € + 90.000\ €) \cdot 100\%}{(40.000\ € + 20.000\ €)} = 250\%$

Lösung zu Beispiel 5.1:

$\frac{120\ € \cdot (100\% - 3\%)}{100\%} = 116{,}40\ €$ Einstandspreis pro Packung

Lösung zu Beispiel 5.2:

Das Ergebnis aus Beispiel 5.1 als Einstandspreis wird nun in der Rabattformel wie ein Einkaufspreis behandelt. Dann gilt:

$$\frac{116{,}40\ € \cdot (100\% - 1\%)}{100\%} = 115{,}24\ €$$ Einstandspreis pro Packung (2. Nachkommastelle gerundet)

Eine Rechnung mit dem ursprünglich ausgewiesenen Einkaufspreis und einem gesamten Rabatt von 4% führt nicht zur richtigen Lösung, weil sich das Skonto nicht auf den ursprünglich ausgewiesenen Einkaufspreis, sondern auf den bereits um den Barrabatt verminderten Preis bezieht.

Lösung zu Beispiel 5.3:

$$\frac{10\ € \cdot 8}{10} = 8\ €$$ Einstandspreis pro Packung

$$\frac{(10 - 8) \cdot 100\%}{10} = 20\%$$ entsprechender Barrabatt in Prozent

Lösung zu Beispiel 5.4:

Das Ergebnis aus Beispiel 5.3 als Einstandspreis wird nun in der Rabattformel wie ein Einkaufspreis behandelt. Dann gilt:

$$\frac{8\ € \cdot (100\% - 2\%)}{100\%} = 7{,}84\ €$$ Einstandspreis pro Packung bei Berücksichtigung des Skontos

Lösung zu Beispiel 5.5:

$$\frac{61{,}88\ €}{1{,}19} = 52\ €$$ empfohlener Verkaufspreis ohne Mehrwertsteuer

$52\ € - 40\ € = 12\ €$ Rohertrag

$$\frac{(52\ € - 40\ €) \cdot 100\%}{52\ €} = 23{,}08\%$$ Spanne (2. Nachkommastelle gerundet)

$$\frac{(52\ € - 40\ €) \cdot 100\%}{40\ €} = 30\%$$ Aufschlag

Lösung zu Beispiel 5.6:

$$\frac{50\ € \cdot (100\% + 30\%)}{100\%} = 65\ €$$ Verkaufspreis ohne Mehrwertsteuer

$65\ € \cdot 1{,}19 = 77{,}35\ €$ Verkaufspreis mit Mehrwertsteuer

$65\ € - 50\ € = 15\ €$ Rohertrag

$$\frac{(65\ € - 50\ €) \cdot 100\%}{65\ €} = 23{,}08\%$$ Spanne (2. Nachkommastelle gerundet)

Lösung zu Beispiel 5.7:

Durch den Skontoabzug vermindert sich der Rechnungsbetrag um 2% von 2.000 €, also 40 €. Dann müssen 2.000 € – 40 € = 1.960 € für 60 Tage mit dem Kontokorrentkredit zu 10% pro Jahr finanziert werden. Einsetzen in die Formel für den Kontokorrentkredit ergibt als Zinsbetrag:

$$\frac{1.960\ € \cdot 10\% \cdot 60\ \text{Tage}}{100\% \cdot 360\ \text{Tage}} = 32{,}67\ €$$ (gerundet)

Damit sind die Zinsen des Kontokorrentkredits in Höhe von 32,67 € geringer als die Ersparnis bei der Rechnung in Höhe von 40 €. Der Skontoabzug ist vorteilhaft für die Apotheke.

Lösung zu Beispiel 5.8:

Als Alternative zur frühen Zahlung und Abzug des Skontos in Höhe von 40 € könnte der Apotheker die zu zahlenden 1.960 € für 60 Tage anlegen. Maßgeblich für den Vergleich mit dem Skontoabzug ist nur die Anlage für 60 Tage, weil die Anlage für den ersten Monat unabhängig von der Entscheidung über das Skonto möglich ist. Aufgrund einer ähnlichen Überlegung sind 1.960 € und nicht 2.000 € als Anlagebetrag anzusetzen, weil dies der Rechnungsbetrag bei Skontoabzug ist und sich damit nur für diesen Betrag die Frage nach einer alternativen Anlage stellt. Für die kurzfristige Anlage kann die gleiche Formel wie für einen Kontokorrentkredit verwendet werden, allerdings erhält hier der Apotheker den Zinsbetrag. So ist der folgende Zinsbetrag maßgeblich für den Vergleich mit dem Skontoabzug:

$$\frac{1.960\ € \cdot 4\% \cdot 60\ \text{Tage}}{100\% \cdot 360\ \text{Tage}} = 13{,}07\ €\ \text{(gerundet)}$$

Die zu erwartenden Zinsen sind deutlich geringer als die Ersparnis bei der Rechnung in Höhe von 40 €. Für diese Apotheke ist der Skontoabzug noch wesentlich vorteilhafter als im Beispiel 5.7.

Lösung zu Beispiel 6.1:

Für die Lagerumschlagsgeschwindigkeit ergibt sich:

$$\frac{40}{4} = 10$$

Lösung zu Beispiel 6.2:

Für die durchschnittliche Lagerumschlagsgeschwindigkeit ergibt sich:

$$\frac{6.000\ €}{2.000\ €} = 3$$

Lösung zu Beispiel 6.3:

Um den Aufschlag errechnen zu können, muss der Verkaufspreis ohne Mehrwertsteuer bekannt sein. Dieser beträgt:

$$\frac{16{,}66\ €}{1{,}19} = 14\ €$$

Damit ergibt sich für den Aufschlag:

$$\frac{(14\ € - 10\ €) \cdot 100\%}{10\ €} = 40\%$$

Damit ergibt sich für die Brutto-Nutzen-Ziffer:

$8 \cdot 40\% = 320\%$

Lösung zu Beispiel 6.4:

Um den Aufschlag errechnen zu können, muss der Verkaufspreis ohne Mehrwertsteuer bekannt sein. Dieser beträgt:

$$\frac{29{,}75\ €}{1{,}19} = 25\ €$$

Damit ergibt sich für den Aufschlag:

$$\frac{(25\ € - 20\ €) \cdot 100\%}{20\ €} = 25\%$$

Aus der jährlich umgesetzten Stückzahl und dem durchschnittlichen Lagerbestand ergibt sich die Lagerumschlagsgeschwindigkeit:

$$\frac{20}{2} = 10$$

Damit ergibt sich für die Brutto-Nutzen-Ziffer:

$10 \cdot 25\% = 250\%$

Anhang 2

Lösungen zu den Übungen

Kapitel 2:

2.1 a), 2.2 c), 2.3 b), 2.4 b), 2.5 b)

Kapitel 3:

3.1 a), 3.2 c), 3.3 b), 3.4 c)

Kapitel 4:

4.1 c), 4.2 b), 4.3 a), 4.4 a), 4.5 c), 4.6. b), 4.7 a)

Kapitel 5:

5.1 b), 5.2 c), 5.3 a), 5.4 b), 5.5 a), 5.6 b), 5.7 a)

Kapitel 6:

6.1 c), 6.2 a), 6.3 b), 6.4 b), 6.5 b), 6.6 b), 6.7 c)

Kapitel 7:

7.1 b), 7.2 a), 7.3 c), 7.4 b), 7.5 c), 7.6 c), 7.7 b)

Kapitel 8:

8.1 c), 8.2 a), 8.3 c), 8.4. b), 8.5 a)

Anhang 3

Formelsammlung

Abkürzungen für die nachfolgenden Formeln:

Einstandspreis pro Packung: EP (in €)
Ausgewiesener Einkaufspreis pro Packung: EK (in €)
Verkaufspreis pro Packung: VK (in €)
Berechnete Menge: BM (Anzahl der Packungen)
Gelieferte Menge: GM (Anzahl der Packungen)
Lagerumschlagsgeschwindigkeit: LUG
Alle Preise sind jeweils ohne Mehrwertsteuer (MwSt.) gemeint, soweit nicht ausdrücklich anders angegeben.

Zinsberechnung

Jährliche Zinsberechnung

$$\text{Zinsbetrag} = \frac{\text{Effektiver Kreditbetrag} \cdot \text{Effektiver Jahreszins (in \%)} \cdot \text{Anzahl der Jahre}}{100\%}$$

Tägliche Zinsberechnung

$$\text{Zinsbetrag} = \frac{\text{Effektiver Jahreszins (in \%)} \cdot \text{Anzahl der Tage}}{100\% \cdot 360\ \text{Tage}}$$

Rentabilität

$$\text{Rentabilität des Betriebes (in \%)} = \frac{\text{Gewinn} \cdot 100\%}{\text{Betriebsnotwendiges Kapital}}$$

Liquidität

$$\text{Liquidität 1. Grades (in \%)} = \frac{\text{Geldwerte} \cdot 100\%}{\text{Kurzfristige Verbindlichkeiten}}$$

$$\text{Liquidität 2. Grades (in \%)} = \frac{(\text{Geldwerte} + \text{Kurzfristige Forderungen}) \cdot 100\%}{\text{Kurzfristige Verbindlichkeiten}}$$

$$\text{Liquidität 3. Grades (in \%)} = \frac{(\text{Geldwerte} + \text{Kurzfristige Forderungen} + \text{Warenbestände}) \cdot 100\%}{\text{Kurzfristige Verbindlichkeiten}}$$

Umsatz

$$\text{Umsatz} = \text{VK} \cdot \text{Menge}$$

Mehrwertsteuer

$$\text{VK mit MwSt.} = \frac{\text{VK ohne MwSt.} \cdot (100\% + \text{Mehrwertsteuersatz (in \%)})}{100\%}$$

Einstandspreis und Rabatte

Einstandspreis bei Barrabatt

$$EP = \frac{EK \cdot (100\% - \text{Rabatt in } \%)}{100\%}$$

Einstandspreis bei Naturalrabatt

$$EP = \frac{EK \cdot BM}{GM}$$

Umrechnung eines Naturalrabattes in einen entsprechenden Barrabatt

$$\text{Entsprechender Barrabatt in } \% = \frac{100\% \cdot (GM - BM)}{GM}$$

Rohertrag und Gewinn

Packungsbezogene Betrachtung

Rohertrag pro Packung (Stücknutzen) = VK – EP

Gewinn pro Packung = VK – EP – Anteilige Kosten

Gesamtbetrachtung

Rohgewinn = Umsatz (einschließlich MwSt.) – MwSt. – Wareneinsatz

Spanne und Aufschlag

$$\text{Spanne in } \% = \frac{100\% \cdot (VK - EP)}{VK}$$

$$\text{Aufschlag in } \% = \frac{100\% \cdot (VK - EP)}{EP}$$

aufgelöst nach dem Verkaufspreis lautet diese Formel

$$VK = \frac{EP \cdot (100\% + \text{Aufschlag in } \%)}{100\%}$$

Lagerumschlagsgeschwindigkeit

Artikelbezogene Betrachtung

$$LUG = \frac{\text{Jährlich umgesetzte Stückzahl}}{\text{Durchschnittlicher Lagerbestand}}$$

Betrachtung für Artikelgruppen oder das ganze Lager

$$LUG = \frac{\text{Jahresumsatz zu Einstandspreisen (in €)}}{\text{Wert des durchschnittlichen Lagerbestandes zu Einstandspreisen (in €)}}$$

Brutto-Nutzen-Ziffer

Brutto-Nutzen-Ziffer (in %) = LUG · Aufschlag (in %)

Register

A

B

C

H

I

J

K

Q

R

S

Der Autor

Dr. Thomas Müller-Bohn, Apotheker und Diplom-Kaufmann

Jahrgang 1963. 1982–1986 Studium der Pharmazie an der Philipps-Universität Marburg, 1987 Approbation als Apotheker, 1987–1994 Tätigkeit in der öffentlichen Apotheke, währenddessen: 1987–1993 Studium der Betriebswirtschaftslehre an der Universität Bielefeld. Seit 1995 freier Wissenschaftsjournalist in Süsel/Holstein, seit 1997 auswärtiges Mitglied der Redaktion der Deutschen Apotheker Zeitung, außerdem Vortrags- und Seminartätigkeit, insbesondere zu apothekenspezifischen Qualitätsmanagementsystemen und zur Pharmakoökonomie, 2001–2007 Lehrbeauftragter für Pharmakoökonomie an der Universität Hamburg, seit 2003 Lehrbeauftragter für Pharmakoökonomie an der Christian-Albrechts-Universität Kiel. 2005 Promotion zum Dr. rer. nat. an der Rheinischen Friedrich-Wilhelm Universität Bonn.

Müller-Bohn,
Betriebswirtschaft für die Apotheke
Deutscher Apotheker Verlag, 2009

Formelsammlung

Abkürzungen für die nachfolgenden Formeln:

Einstandspreis pro Packung: EP (in €)

Ausgewiesener Einkaufspreis pro Packung: EK (in €)

Verkaufspreis pro Packung: VK (in €)

Berechnete Menge: BM (Anzahl der Packungen)

Gelieferte Menge: GM (Anzahl der Packungen)

Lagerumschlagsgeschwindigkeit: LUG

Alle Preise sind jeweils ohne Mehrwertsteuer (MwSt.) gemeint, soweit nicht ausdrücklich anders angegeben.

Zinsberechnung

Jährliche Zinsberechnung

$$\text{Zinsbetrag} = \frac{\text{Effektiver Kreditbetrag} \cdot \text{Effektiver Jahreszins (in \%)} \cdot \text{Anzahl der Jahre}}{100\%}$$

Tägliche Zinsberechnung

$$\text{Zinsbetrag} = \frac{\text{Effektiver Kreditbetrag} \cdot \text{Effektiver Jahreszins (in \%)} \cdot \text{Anzahl der Tage}}{100\% \cdot 360\ \text{Tage}}$$

Rentabilität

$$\text{Rentabilität des Betriebes (in \%)} = \frac{\text{Gewinn} \cdot 100\%}{\text{Betriebsnotwendiges Kapital}}$$

Liquidität

$$\text{Liquidität 1. Grades (in \%)} = \frac{\text{Geldwerte} \cdot 100\%}{\text{Kurzfristige Verbindlichkeiten}}$$

$$\text{Liquidität 2. Grades (in \%)} = \frac{(\text{Geldwerte} + \text{Kurzfristige Forderungen}) \cdot 100\%}{\text{Kurzfristige Verbindlichkeiten}}$$

$$\text{Liquidität 3. Grades (in \%)} = \frac{\left(\text{Geldwerte} + \genfrac{}{}{0pt}{}{\text{Kurzfristige}}{\text{Forderungen}} + \text{Warenbestände}\right) \cdot 100\%}{\text{Kurzfristige Verbindlichkeiten}}$$

Umsatz

Umsatz = VK · Menge

Mehrwertsteuer

$$\text{VK mit MwSt.} = \frac{\text{VK ohne MwSt.} \cdot (100\% + \text{Mehrwertsteuersatz (in \%)})}{100\%}$$

Einstandspreis und Rabatte

Einstandspreis bei Barrabatt

$$EP = \frac{EK \cdot (100\% - \text{Rabatt in } \%)}{100\%}$$

Einstandspreis bei Naturalrabatt

$$EP = \frac{EK \cdot BM}{GM}$$

Umrechnung eines Naturalrabattes in einen entsprechenden Barrabatt

$$\text{Entsprechender Barrabatt in } \% = \frac{100\% \cdot (GM - BM)}{GM}$$

Rohertrag und Gewinn

Packungsbezogene Betrachtung

Rohertrag pro Packung (Stücknutzen) = VK – EP

Gewinn pro Packung = VK – EP – Anteilige Kosten

Gesamtbetrachtung

Rohgewinn = Umsatz (einschließlich MwSt.) – MwSt. – Wareneinsatz

Spanne und Aufschlag

$$\text{Spanne in } \% = \frac{100\% \cdot (VK - EP)}{VK}$$

$$\text{Aufschlag in } \% = \frac{100\% \cdot (VK - EP)}{EP}$$

aufgelöst nach dem Verkaufspreis lautet diese Formel

$$VK = \frac{EP \cdot (100\% + \text{Aufschlag in } \%)}{100\%}$$

Lagerumschlagsgeschwindigkeit

Artikelbezogene Betrachtung

$$LUG = \frac{\text{Jährlich umgesetzte Stückzahl}}{\text{Durchschnittlicher Lagerbestand}}$$

Betrachtung für Artikelgruppen oder das ganze Lager

$$LUG = \frac{\text{Jahresumsatz zu Einstandspreisen (in €)}}{\text{Wert des durchschnittlichen Lagerbestandes zu Einstandspreisen (in €)}}$$

Brutto-Nutzen-Ziffer

Brutto-Nutzen-Ziffer (in %) = LUG · Aufschlag (in %)